**임신 출산
미리보기**

산부인과 의사가 알려 주는 초보 임신부 시간표

임신 출산 미리보기

이재일 지음
산부인과 전문의

유노
라이프
LIFE

건강한 아기를 기다리며

임신과 출산은 새로운 우주의 탄생과도 같은 위대한 일입니다. 예비 엄마는 40주 동안 급격한 신체 변화를 겪으며 모든 순간순간이 낯설게 느껴질 겁니다. 그걸 옆에서 지켜보는 예비 아빠 역시 아기는 건강하게 잘 크는지 걱정하고 앞으로 기다리고 있는 많은 변화에 긴장하죠. 이처럼 임신은 분명 축복받고 감사해야 하는 일이지만, 기쁨과 설렘만 있는 것 같지는 않습니다.

산부인과 전문의로서 부부가 부모로 바뀌는 순간을 누구보다 가까이에서 목격했고 의학적인 지식도 남들보다 많았지만, 막상 저의 아내가 임신하고 나니 머릿속이 백지가 되는 경험을 했습니다. 평소에 가볍게 생각했던 문제도 더는 사소하지 않았습니다. 진료실에서 만난 입덧 임신부와 집에서 입덧을 겪고 있는 아내는 전혀 달랐습니다.

교과서에서 본 게 전부가 아니라는 사실을 깨닫고 아내가 임신으로 겪는 변화에 저도 동참해야겠다고 느끼기 시작했습니다. 감사하게도 저의 산부인과 지식은 아내의 임신부터 출산까지 함께하는 데 많은 도움이 되었습니다. 하지만 대부분의 예비 엄마아빠는 어려움을 많이 느끼실 겁니다. 임신 출산이 한 번도 경험해보지 못한 새로운 일이기 때문이죠.

임신 출산 육아는 엄마아빠가 모두 함께하는 과정입니다. 임신 출산 과정에서 각종 검사나 시술 등 결정해야 할 일들이 생각보다 많습니다. 올바른 선택을 위해서는 의료진에게 정확한 정보를 받고, 선택하기 전에 고민할 시간이 충분히 있어야 합니다. 아무리 사소한 일이라도 정확히 아는 것과 알지 못하는 건 다르니까요.

이 책에 산부인과 전문의로서 임신 출산이 두려운 엄마아빠에게 꼭 해 주고 싶은 이야기를 담았습니다.

아기가 세상에 나오기 전까지 알아야 할 것들

임신을 준비하며 자연스럽게 각종 커뮤니티, 미디어에서 수많은 정보를 접합니다. 하지만 "~해야 한다", "~하지 말아야 한다" 등의 수많은 정보 사이에서 나에게 정말 필요한 정보를 얻기는 어렵습니다.

또한 증명된 사실이나 전문가의 의견보다는 개인의 경험, 드물게 나타나는 희귀한 사례 등의 자극적인 정보가 눈에 더 잘 띄는 법입니다. 자연스럽게 '아기가 세상에 나오는 과정은 정말 어렵구나. 내가 할 수 있을까?'라는 생각이 들어 엄마가 되기를 망설이기도 하죠.

그래서 이러한 예비 부모들을 위해 소아청소년과 전문의인 저의 남동생과 함께 유튜브를 시작했습니다. '산'부인과와 '소'아청소년과의 앞 글자를 따서 만든 〈산소형제TV〉 채널을 개설하여 예비 엄마아빠 모두가 알아야 할 의학적인 정보와 누구나 할 수 있다는 용기를 전달하기 위해 다양한 콘텐츠를 제작하고 있습니다. 자극적 상황이나 화려한 내용보다는 지극히 평범하고 일상적인, 보통의 가족이 할 수 있는 내용을 다루고자 합니다.

실제 진료실에서 오갔던 질문과 답변뿐만 아니라 저희 채널 유튜브 영상에 댓글로 달린 질문에 대한 답변들도 담아 보았습니다. 나중에 임신을 하고 진료실에 가면 짧은 진료 시간에 쫓겨 질문을 못 하는 상황도 있을 겁니다. 이 책에서 미리 힌트와 팁을 많이 얻어 가면 좋겠습니다.

여러 매체와 SNS에 등장하는 자극적인 상황과 인플루언서들이 보여 주는 화려한 모습 때문에 많은 이들에게 하여금 결혼과 임신이 감히 용기 내기 어려운 영역이 된 것 같아 안타까운 마음이 듭니다. 물론 어렵고 힘든 순간도 있지만, 그 안에서 오는 기쁨과 행복함은 그 어디에서도 느낄 수 없습니다.

이 책이 더 많은 예비 엄마아빠가 임신 중 신체적, 정신적 변화를 이해하고 자연스럽게 육아 준비도 함께할 수 있는 길잡이가 되기를 희망합니다. 아내뿐만 아니라 남편도 용기 내어 함께할 수 있는 계기가 되었으면 좋겠습니다. 요즘 같은 저출산 시대에 임신이라는 쉽지 않은 결정을 내리신 분을 응원하고 축하하는 마음이 이 책으로 전달되기를 바랍니다.

산부인과 전문의이자
민이와 호의 아빠,
이재일

2부 | 임신 중기 미리보기
임신 15주부터 28주까지

• 4장 "엄마가 건강해야 아기도 건강해요"

• 5장 "걱정이 많아졌어요"

3부 | 임신 후기 미리보기
임신 29주부터 만삭까지

• 6장 "이제는 출산 가방을 챙겨야 할 때"

• 7장 "아기를 만나기 1초 전"

1부

임신 초기
미리보기

임신 확인부터 임신 14주까지

임신 초기, 가스가 찬 것처럼
아랫배가 빵빵한 느낌이 들 수 있습니다.
하지만 아직은 겉으로 티가 날 정도로 배가 나오지 않습니다.

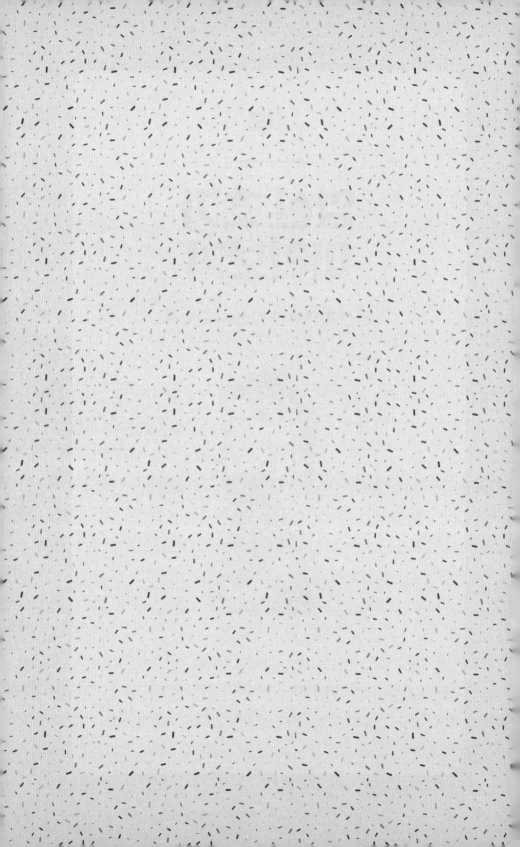

1장

"임신 테스트기에
두 줄이 떴어요"

35세, 고령 임신의
기준이 된 이유

핵심 미리보기!

35세가 넘어가면 난모세포에 이상이 생길 확률이 높아집니다. 하지만 건강 관리를 잘 한다면 건강한 아기를 만날 수 있으니 걱정하지 마세요.

2022년 대한민국은 1 미만의 출산율로 전 세계를 놀라게 했고, 2023년 0.72를 지나 출산율은 계속 감소하고 있습니다. 1 미만의 출산율 자체만으로도 큰 충격이지만, 출생 통계 자료에서는 흥미로운 결과가 많았습니다. 산부인과 전문의인 저의 눈길을 끈 숫자는 '평균 출산 연령'이었습니다.

2023년에 분만한 산모 나이의 평균을 계산해 보니 33.6세였고, 35세 이상 산모의 비중은 36.3퍼센트나 차지했습니다. 2012년과 비교해 보면 당시 평균 출산 연령이 31.6세로 10년 만에 2세가 늘었고, 35세 이상의 산모는 18.7퍼센트에서 거의 두 배가 되었습니다. OECD 국가의 평균 출산 연령이 30세 정도인 점을 감안하면 우리나라가 출산 계획을 굉장히 늦게 한다는 사실을 알 수 있습니다. 혼인 연령이 늦춰지면서 자연스럽게 출산 연령이 높아진 걸로 보입니다.

출산 연령은 계속 높아지고 인간의 기대수명도 길어지는데, 고령 임신의 기준은 35세에서 변하지 않는 이유는 무엇일까요?

35세가 지나면 '임신 합병증'의 위험이 높아진다

남자는 매일같이 수천만 개 이상의 정자를 만들어 내지만, 여성은 평생 사용할 난자를 엄마 배 속에 있을 때 다 만들어서 간직한 채로 태어납니다. 100만~200만 개의 난모세포를 가지고 태어났다가 사춘기 때까지 30만 개 정도만 남기고 소멸됩니다. 평생 동안 400개 정도만 난자로 성숙되어 배란이 되고, 폐경이 되기 10~15년 전부터 난모세포의 소멸 속도는 급격히 빨라집니다.

난자는 배란되기 전까지 난모세포의 형태로 난소에 저장되어 있는데, 난모세포는 세포 분열이 중지된 '휴면 상태'입니다. 휴면 중인 난모세포는 여성이 나이가 들어가며 생기는 염색체 이상을 스스로 복구하지 못합니다. 따라서 여성의 나이가 35세가 넘어가면 난모세포에 이상이 증가해 다운증후군 같은 염색체 관련 기형 발생률이 높아지고 자연 유산도 함께 증가합니다. 또한 폐경 나이인 50세에서 10~15년 전인 35세 정도부터 난모세포가 급격히 줄어들어 임신 성공률에도 영향이 생깁니다.

사실 35세 이후에 임신 성공률이 감소하는 것보다도 임신 관련 합병증과 사망률이 증가한다는 사실이 더 중요합니다. 임신 성공률은 떨어지더라도 난임 치료로 극복할 수 있지만, 임신 관련 합병증은 예방과 치료가 어렵기 때문입니다.

   다음에 나오는 표를 함께 살펴볼까요? 35세 이후 임신성 고혈압, 임신성 당뇨, 조산, 자궁 내 성장 지연과 같은 임신 관련 합병증이 급격히 증가합니다. 그래서 고령 산모는 고위험 산모로 분류해서 더 주의 깊게 진료하고, 만일의 사태에도 대비합니다.

   반대로 임신부의 나이가 어릴수록 건강할 것 같지만, 꼭 그렇지는 않습니다. 청소년기에 임신을 하면 20~35세 사이의 임신부보다 빈혈,

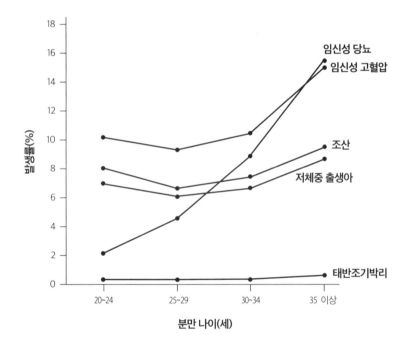

분만 나이에 따른 임신 합병증 발생률

         임신 초기 미리보기

조산, 자간전증이 더 많이 생깁니다. 또한 병원에 잘 방문하지 않아 관리가 안 되기 때문에 이러한 합병증이 더 큰 문제를 일으킬 수 있습니다.

다행인 점은 평소 건강 관리를 잘한 분들은 나이에 따른 임신 관련 합병증의 위험을 낮출 수 있다는 사실입니다. 임신 전부터 규칙적인 운동, 건강한 식단으로 정상 체중을 유지하고 건강 검진을 정기적으로 받아 건강한 몸을 유지하면 건강한 임신이 충분히 가능합니다. 임신 후에는 산전 진찰을 빼놓지 않고 잘 받는 것도 중요합니다.

임신 관련 합병증은 대부분 증상 없이 찾아옵니다. 정기적인 산전 진찰을 통해 합병증이 생기지 않는지 면밀히 관찰하고 최대한 빨리 발견하는 게 중요합니다. 임신 중 체중 관리가 쉽지는 않지만, 반드시 노력해야 하는 부분입니다.

이러한 이유로 고령 임신의 기준은 35세가 되었고, 미래에도 이 기준이 바뀔 것 같지는 않습니다. 하지만 35세가 넘었다고 임신을 못 하거나 위험하니 임신하지 말아야 하는 건 절대로 아닙니다. 임신하는 데 어려움이 있다면 난임 클리닉의 도움을 받고, 임신 전부터 건강한 몸을 유지하고, 임신 후 산전 진찰을 잘 받는다면 안전한 임신 출산이 가능합니다.

임신 테스트기 두 줄,
임신이 확실할까?

핵심 미리보기!

임신 테스트기에 두 줄이 떠 병원에 가도 아기집을 발견하지 못할 수 있습니다. 임신 5주 정도는 되어야 초음파로 아기집을 확인할 수 있습니다.

2년간의 즐거운 신혼 생활을 보내고 2세를 계획할 때만 하더라도 임신 시도가 어려운 과정이 될 거라는 생각은 하지 못했습니다. 그 당시 제 나이는 30세였고, 3살 연하인 아내는 남들보다 결혼을 빨리 한 편이어서 자녀 계획도 일찍 했기에 자신 있었던 것 같습니다.

하지만 임신 시도 기간이 1년 가까이 길어지면서 서로 알게 모르게 피로가 쌓이고 있었나 봅니다. 처음 몇 달은 임신 테스트기 검사를 하러 가면 내심 기대를 했다가, 6개월이 넘어가니 기대보다는 걱정이 많아졌습니다.

임신 시도가 1년이 다 되어 갈 때 즈음, 난임 클리닉 진료를 예약해 두고 기분 전환도 할 겸 가까운 곳으로 여행도 가고 한두 달 휴식 시간을 갖기로 했습니다. 휴식하는 동안 긴장이 풀렸던 덕분인지 정말 감사하게도 첫째 아이가 저희에게 찾아왔습니다. 그 순간이 아직도 생생하게 잊히지 않고 영원히 간직하고 싶어 그때 검사한 테스트기를 여전히 보관하고 있습니다.

아기집이 보이지 않는 이유

이처럼 임신이 되기만을 노력하고 기다리는 분들에게 임신 테스트기 검사 날은 기다려지기도 하지만 동시에 예민할 수밖에 없다는 사실, 잘 알고 있습니다. 그러다 두 줄을 확인하면 세상을 다 얻은 것 같이 기쁘고 가슴이 벅차오릅니다. 고대하던 순간을 마주하면 최대한 빨리 임신을 확인하고 싶은 게 당연하죠.

두 줄을 확인하자마자 가까운 산부인과를 찾아서 진료를 잡았더니, "초음파상에 아기집이 아직 보이지 않습니다. 1~2주 뒤에 다시 오셔서 검사해 보세요"라는 설명을 들은 분이 굉장히 많으시죠? 이때부터는 일주일이라는 시간이 하루하루 정말 길게 느껴지고 하지 않아도 되는 걱정까지 떠오릅니다.

임신 사실을 정확하게 확인하기 위해서는 초음파로 아기집이 자궁 안에 착상된 모습을 확인해야 합니다. 소변으로 검사하는 임신 테스트기만으로는 임신 여부를 정확히 알 수 없습니다. 그렇다면 임신 테스트기 검사를 하고 언제 병원에 가야 초음파로 아기집을 확인할 수 있을까요?

평소 생리 주기가 28일로 규칙적이었던 분이 임신이 된 사례로 설명해 드리겠습니다. 아래 나온 달력을 참고해 임신 여부를 확인해 보세요.

생리 주기와 임신 주수를 계산할 때 마지막 생리를 시작한 날이 기준이 됩니다. 1월 1일에 마지막 생리를 시작했다고 하면, 이날을 기준으로 14~15일 되는 날(1월 15일)을 배란일로 예측할 수 있습니다. 임신이 되었다면 배란일 당일(1월 15일)에 나팔관에서 난자와 정자가 만나 수정이 되고, 그렇게 수정된 수정란은 자궁 내막 쪽으로 천천히 이동하여 배란일로부터 7일 정도 뒤(1월 22일)에 자궁 내막에 착상됩니다.

이때의 수정란은 현미경으로 봐야 보일 정도로 크기가 매우 작아 초음파로는 보이지 않습니다. 초음파로 확인이 가능한 1센티미터 정도의 크기가 되려면 착상이 되고 2주 정도는(2월 5일) 지나야 합니다. 이때가 바로 임신 5주 차입니다.

♥생리일 ♥가임기간						1월
1 생리 시작일	2	3	4	5	6	7
8	9	10	11	12	13	14
15 배란일	16	17	18	19	20	21
22 착상	23	24	25	26	27	28
29 다음 생리 예정일	30	31	2/1	2/2	2/3	2/4
2/5 임신 5주 차						

생리 주수로 임신 여부 확인하기

이렇듯 임신 5주 차는 되어야 병원에서 임신 여부를 확인할 수 있습니다. 그런데 요즘 나오는 임신 테스트기는 매우 민감하죠. 지금 막 착상해서 초음파로 아기집이 보이지 않을 때도 두 줄로 표시되기 때문에 많은 분이 병원에 너무 일찍 방문하는 것 같습니다. 그래서 1~2주 정도 불안하고 초조한 시기를 보내게 되죠. 불안감을 어느 정도 해결하기 위해서는 임신 테스트기 검사 자체를 조금 천천히 해 보기를 추천합니다.

아기집 확인하려면 '이때' 산부인과에 가세요

생리 예정일 1주일 뒤에도 생리가 없다면 그때(이때가 바로 임신 5주 차입니다) 테스트기를 해 보고 두 줄을 확인한 다음 병원에 가시면 그날 아기집을 확인할 가능성이 커집니다. 하지만 만약 평소 생리 주기가 불규칙해 21일보다 짧거나 35일보다 길면 이 방법이 적용되지 않을 수도 있습니다. 생리 주기가 비교적 규칙적이신 분들은 배란이 되고 14일 뒤에 그 다음 생리가 시작한다고 계산하시면 됩니다. 예를 들어 생리 주기가 32일로 규칙적인 분은 마지막 생리 시작일로부터 18일이 지난 날이 배란 예정일로 예측됩니다.

임신 테스트기를 여러 개 구매해 배란일 이후부터 거의 매일같이 검사하고 각종 커뮤니티나 SNS에 올리는 분들이 더러 계십니다. 불안하고 빨리 확인하고 싶은 마음은 충분히 이해합니다. 하지만 정확하게 확인하려면 결국 어느 정도 시간이 필요합니다. 임신 테스트기를 자주 한다고 해서 결과를 빠르고 정확하게 예측할 수 있는 것도 아니고 결과가 달라지지도 않습니다.

이렇게 임신 5주 차 정도에 초음파로 아기집을 확인하면 보통 2~3주 뒤에 다시 병원에 와야 합니다. 임신 8주 정도에 보는 초음파가 정말 중요하기 때문입니다. 아기 심장이 잘 뛰는지 확인도 해야겠지만, 이때의 아기 크기인 '머리 엉덩 길이'로 정확한 임신 주수를 계산해서 분만 예정일을 알 수 있습니다.

생리 주기로 계산하면 사람마다 주기도 다르고, 그때그때 생리 주기가 다를 수 있어 정확도가 떨어집니다. 이 문제를 해결하기 위해 연구하던 중 수정한 후부터 임신 8주 정도까지는 태아의 성장 속도가 대부분 일정하다는 사실을 알게 되었고, 이때 측정한 태아의 크기를 알면 평소 생리가 불규칙했더라도 수정일(배란일)을 정확하게 알 수 있게 되었습니다.

실제 임신 주수 확인은 매우 중요한 작업입니다. 우리가 알고 있는 임신 주수와 실제 주수의 차이가 크면 기형아 검사 같은 중요한 검사 결과가 잘못 나올 수 있고, 태아가 주수에 맞게 잘 크고 있는지 평가하기도 어려워집니다.

정리하자면, 임신 5주 정도는 되어야 초음파에서 아기집이 보이기 시작합니다. 임신 테스트기는 생리 예정일에서 일주일만 더 참았다가 그때까지 생리가 없으면 해 보는 게 가장 좋습니다. 만약 테스트기를 더 일찍 사용했다면 임신 5주 정도로 예상되는 날에 산부인과에 가면 됩니다.

초음파로 임신이 확인되지 않으면 검사는 비급여로 처방됩니다. 임신이 확인된 이후에 시행하는 초음파는 급여가 되긴 하지만 횟수 제한이 있습니다. 임신 테스트기, 너무 빨리 하지도 너무 많이 하지도 마세요. 여러분의 돈과 시간은 소중하니까요.

'임밍아웃' 하기
좋은 타이밍

핵심 미리보기!

임신 소식은 너무 빠르지도, 늦지도 않게 알리는 게 좋습니다. 너무 빠르게 알렸을 때 주변 사람들이 하는 개입이 오히려 스트레스가 될 수 있습니다.

임신을 계획하고 열심히 노력하는 분들에게 임신이 확인되는 순간은 정말 기쁘고 온 세상 사람들에게 자랑하고 싶은 게 당연하죠. 특히 난임 치료를 받는 분들에게는 그동안의 노력의 결실을 보는 순간입니다. 그래서 이런 순간들을 부모님, 가족들과 나누는 감동적인 영상들을 SNS에서 쉽게 찾을 수 있습니다.

제 아버지 역시 다른 아버지들과 비슷하게 평소 감정 표현을 잘 안 하시는 분인데, 첫 손주 소식을 듣고 환하게 기뻐하시는 모습이 지금도 생생합니다. 그래서 그런지 '임밍아웃' 영상을 보면 코끝이 자동적으로 찡해집니다.

그런데 산부인과 의사의 직업병이 여기서도 발병합니다. 특히나 임신 테스트기만 한 생태에서 부모님과 기쁨을 나누는 영상을 보면 걱정이 앞서죠. 왜 그럴까요? 이제부터 임밍아웃을 너무 빨리 하면 걱정되는 것들과 언제 임신 소식을 알리면 가장 좋을지에 대해 이야기해 보겠습니다.

임신 초기, 유산의 가능성이 있다

'임밍아웃'을 너무 빨리 하면 생길 수 있는 가장 큰 문제는 임신 초기에 유산이 꽤 흔하다는 사실입니다. 임신 20주 이전에 태아가 사망한 경우를 유산이라고 진단하고, 그중 80퍼센트가 임신 12주 이전에 발생합니다. '자연 유산'은 전체 임신 중 15퍼센트 정도로 전체 가임기 여성 4명 중 1명은 경험할 정도로 생각보다 흔합니다.

특히 임신하는 연령 자체가 올라가면 자연 유산도 많아지는데, 40세 이상의 여성 중 50퍼센트 정도가 유산을 합니다. 임신 연령이 높아질수록 임신 성공률이 낮아지는 데다가 유산도 많이 하니 그 상실감은 더욱 깊을 겁니다. 힘들게 임신에 성공했기에 하루라도 빨리 기쁨을 알리고 싶은 마음은 정말 이해하지만, 조금만 참고 임신이 안정적으로 유지될 때까지 기다리면 나중에 불편한 상황들을 피할 수 있습니다.

또한 임신 소식을 주변에 알리면 "이거 해라, 저건 하지 마라", "이거 먹어라, 그건 먹지 마라"라는 잔소리를 자주 듣습니다. 임밍아웃을 조금이라도 천천히 하면 이런 잔소리를 상대적으로 덜 들을 수 있겠죠. 조심해서 나쁠 건 없습니다만, 이미 충분히 잘하고 있는데 주위에서 이런저런 잔소리를 하면 들을 때마다 혼란스럽기도 하고 스트레스도 많이 받습니다.

산모의 문제가 아닌 상황에서도 유산이 되거나 조그만 문제라도 생기면 산모에게 그 탓을 돌리는 경우도 있습니다. 환자 중 한 분은 유산 후 "내가 그때 조심하라고 하지 않았느냐, 그때 그걸 먹어서 그렇다. 홑몸도 아닌데 조심했어야지"라는 말을 들었다며 슬퍼하셨습니다. 안 그래도 힘든 시기를 보내고 있고 자책도 많이 하고 있을 당사자가 이런 말까지 들으면 상처가 더욱 깊어지겠죠.

유산은 절대 임신부의 잘못이 아닙니다. 특정 음식을 먹었거나, 출근해서 일했다거나, 조금 무리를 했다고 유산이 되는 경우는 없다고 생각하셔도 됩니다.

언제 임신 소식을 알려야 할까?

직장에 다니고 있는 여성은 회사에 언제 임신 사실을 말하면 좋을지도 고민일 겁니다. 다니는 직장마다 분위기도 다르고 근무 형태도 다르므로 상황에 맞는 판단이 필요합니다.

임신 친화적인 직장이라면 언제든지 임신 소식을 알려도 문제가 없겠지만 그렇지 않은 경우도 있습니다. 예를 들어 다수의 대형 병원에서 근무하는 간호사가 아기를 가지려면 순서를 지켜야 하고, 순서가 오지 않으면 원치 않는 피임을 해야 하는 '임신 순번제'가 암묵적으로 행해져 문제가 되었죠. 이런 분위기에서는 '임밍아웃'을 하기가 쉽지 않을 겁니다.

또한 일하는 환경이나 업종이 임신부에게 적합하지 않아서 임신 사실을 알리면 인사상 불이익이 생길 수 있어서 임밍아웃을 망설이기도 합니다. 만약 근무 환경이 임신에 해롭다면, 예를 들어 방사선에 노출될 수 있는 방사선사나 유해 물질이나 감염원을 다루는 직종, 고강도의 신체 활동을 필요로 하는 등의 환경이라면 임신 극초기라도 산부인과 주치의 선생님과 먼저 상의해야 합니다. 필요하다면 소견서 등의 서류를 지참해 회사와 상의하여 위험에 노출되지 않도록 업무 변경 등이 필요할 수 있습니다.

임신 확인서는 임신 테스트기나 혈액 검사만으로는 발급이 어렵고 초음파로 자궁 안에 아기집이 착상된 사실이 확인된 이후에 발급받을 수 있습니다. 다행히도 몇 가지 위해 요소를 제외하면 대부분의 업무 환경은 임신에 영향을 미치지 않습니다.

임신 5~6주 정도 아기집만 보이기 시작할 때 알고 있던 주수와 분만 예정일은 나중에 바뀔 수 있고, 임신 8주 정도가 되면 정확한 주수와 분만 예정일을 알 수 있습니다. 아기 심장 뛰는 소리를 확인하고 나면 자연 유산의 가능성이 굉장히 많이 줄어듭니다. 임신 10주가 넘어가면 자연 유산의 가능성은 더욱 낮아지죠. 게다가 이 시기에 초음파 사진은 정말 귀엽습니다. 젤리 곰처럼 생겼고, 꿈틀거리기도 하고 심장도 씩씩하게 잘 뛰죠.

이런 것들을 종합해 봤을 때 임신 10주 전후가 가족이나 친구들에게 임밍아웃 하기 좋은 시기입니다. 저 역시도 이 시기에 양가 부모님께 소식을 알렸습니다.

감기약,
먹어도 괜찮을까?

핵심 미리보기!

약물로 인한 기형아 발생은 전체 기형의 0.1퍼센트 정도입니다. 약에 대한 걱정 때문에 고통을 참을 필요는 없습니다. 적절한 약물을 알맞은 용량으로 복용해 엄마와 아이 모두의 건강을 지키세요.

진료 중 가장 많이 듣는 질문 중 하나가 "이 약 먹어도 되나요?", "임신인 줄 모르고 감기약 먹었는데 괜찮나요?"입니다. 운영 중인 유튜브 채널에서도 약물 관련 상담 댓글이 하루도 빼놓지 않고 올라오는 것 같습니다. 심지어 입덧이 심하더라도 처방받은 입덧 약조차도 고민하는 모습을 자주 봅니다.

아마 아이에게 좋은 것만 주고 싶은 모성애에서 비롯된 걱정일 겁니다. 임신 중이니 모든 것을 아기에게 맞춰야 한다고 생각해서 아파도 참고, 처방받은 약도 복용하지 않고, 기저 질환이 있어서 반드시 먹어야 하는 약도 임의로 중단하는 때도 있습니다. 아기를 위해서 엄마가 모든 것을 희생해야 한다고 잘못 생각하는 경우입니다. 아마 주위에 자연 유산이나 기형을 갖고 태어난 아기를 본 경험 때문이겠죠.

이런 어려움을 겪은 분들은 문제가 생긴 원인이 본인이 먹은 음식이나 약물, 특정 행동에 있다고 자책하시며 평생 짐으로 안고 가십니다. 자연 유산이나 기형은 임신부의 잘못인 경우가 거의 없다고 누누이 말씀드려도 죄책감을 씻기는 어려운 것 같습니다.

약물로 인한 기형이 생기는 경우는 전체 기형의 1퍼센트 미만에서만 발생합니다. 극히 드문 경우라고 할 수 있는 데다가 이 확률 안에는 마약, 중금속, 알코올, 담배 등이 포함되어 있어 우리가 평소에 복용하는 약이 태아에 좋지 않은 영향을 미치는 경우는 거의 없다고 보셔도 됩니다.

적절한 약물을 알맞은 용량으로

임신 중 약 이름을 검색해 보니 임신부에게 금기라거나 주의해야 한다고 써 있어 복용을 망설이시는 분들도 많습니다. 심지어 산부인과에서 처방받은 약인데도 말이죠.

약통에 적힌 약물에 대한 설명은 약을 만든 제약회사에서 작성합니다. 소아나 임신부가 약물을 복용하고 심각한 부작용이 생기면 제약회사는 막대한 피해를 보기 때문에 임신부와 소아의 약 복용 주의 사항은 최대한 보수적으로 적습니다. 이는 임신부가 약을 복용했을 때 태아에 미치는 영향이나 태아에게 생길 수 있는 부작용을 확인하기 어려운 게 가장 큰 이유일 겁니다.

임신부를 상대로 약물 임상 시험을 하는 것은 불가능합니다. 따라서 임신 중 안정성을 연구한 결과가 거의 없죠. 약물 부작용을 정확하게 알려면 사람을 대상으로 임상 시험을 해야 하는데, 윤리적인 이유로 임신부는 임상 시험 대상에 포함되지 않습니다.

모든 의사는 약을 처방할 때 약을 먹어서 얻을 수 있는 이득과 부작용, 복용하지 않아서 생길 수 있는 문제 사이에서 고민하고 이를 환자에게 설명한 뒤 처방합니다. 임신부를 대상으로 임상 시험을 하지 않았더라도 오랫동안 축적된 데이터를 통해 안정성이 입증된 약이죠.

의사는 약을 복용하지 않을 때 임신부와 태아에게 위해가 생길 가능성이 약을 복용해서 생길 수 있는 부작용보다 클 때 약을 처방합니다. 정리하자면 약을 먹는 게 먹지 않는 것보다 임신부와 태아 모두에게 안전하고 유리합니다. 적절한 약물을 알맞은 용량으로 복용한다면 건강한 임신 출산을 할 수 있습니다.

산부인과라는 학문은 배 속의 태아만이 중요한 것이 아니라, 산모의 몸부터 건강해야 아이도 건강하다는 사실을 중요하게 생각합니다. 그것을 도와드리는 사람이 저 같은 산부인과 의사이고, 산부인과 의사가 처방하고 먹어도 괜찮다고 하는 약들은 믿고 잘 먹는 게 아이에게도 좋다는 사실을 잊지 않았으면 좋겠습니다.

임신 중 복용해도 되는 약물

그렇다면 임신 중 먹어도 되는 약과 먹지 말아야 할 약은 무엇일까요? 진료실에서 자주 상담하는 약물에 대해 알아보겠습니다.

① 감기약, 해열제

배란기뿐만 아니라 배아가 착상되면 호르몬 수치가 급격히 변화하면서 기초 체온이 올라갑니다. 예민하신 분은 열이 난다고 느끼고 몸살 증상을 호소합니다. 실제로 체온을 측정하면 38도가 넘지 않는 약간의 미열이 있기도 하죠. 이때 임신이 된 줄 모르고 감기 초기 증상이라고 생각해 감기약이나 해열제를 복용하시는 분들이 생각보다 많습니다.

우리가 흔히 처방받아 복용하는 감기약은 안전합니다. 감기는 임신 중이라도 증상에 따라서 치료가 필요할 때가 있습니다. 특히 임신 초기에 고열이 발생하면 아기의 뇌 발달에 영향을 미칠 수 있기 때문에 해열제를 드시도록 권해 드립니다. 기침을 심하게 하면 복통이나 자궁 수축이 생기기도 하고, 수면을 방해할 정도로 기침이 심하다면 자기 전이라도 약을 꼭 복용하시는 게 좋습니다.

타이레놀이 임신 중 복용해도 안전하다고 알려져 있는 가장 친근한 해열진통제일 겁니다. 임신 중 아세트아미노펜을 사용하면 태어난 아이의 주의력결핍 과잉행동장애(ADHD)나 자폐와 연관 있다는 논문이 발표되어 떠들썩했던 적이 있습니다. 하지만 이 연구는 연구 과정에 한계점이 분명히 있고, 단기간 복용한 경우에는 상관관계가 없으며 29일 이상 장기간으로 복용할 때 아이의 ADHD 발생 가능성이 증가한다는 연구입니다.

2024년에 이 논문의 내용을 반박하는 새로운 연구 결과도 발표되었습니다. 임신 중 타이레놀 복용은 태어날 아기에 ADHD나 자폐와 연관이 없다는 내용이죠. 따라서 태아가 고열에 노출되는 것보다는 아세트아미노펜을 단기간 복용하는 게 '확실하게 유리'합니다. 게다가 임신 중에 통증이나 고열에 복용할 만한 약이 아세트아미노펜 말고는 딱히 없기 때문에 죄책감을 갖지 말고 복용하길 바랍니다.

아세트아미노펜 이외에 흔하게 접하는 해열제로는 이부프로펜과 같은 비(非)스테로이드 소염제가 있습니다. 비스테로이드 소염제는 임신 중기 이후 사용 시 '양수 과소증'과 '태아의 동맥관 폐쇄'를 유발할 수 있어 임신 20주 이후에는 복용하지 않는 게 좋습니다. 임신 초기에 한두 번 복용하는 건 태아에게 미치는 영향이 미미하므로 너무 걱정하지 않아도 됩니다. 하지만 너무 많은 양을 사용하시면 안 됩니다. 특히 파스는 일반적으로 비스테로이드 소염제가 주성분이기 때문에 임신 중 파스 사용은 최대한 피하는 게 좋습니다.

약국에서 처방 없이 구입 가능한 종합감기약 역시 복용해도 안전합니다. 하지만 복용할 필요 없는 성분이 포함되어 있을 수 있으며, 각 성분의 용량이 적어 약의 효과가 적을 수 있습니다. 경우에 따라 카페인이나 비스테로이드 소염제가 들어 있을 수 있으니 복용 전 성분을 꼭 확인하세요.

② 비염 약

임신을 하면 평소보다 알레르기 증상이 심해지기도 합니다. 특히 계절성 알레르기 비염이 있는 분들은 꽃가루가 날리는 계절이 오면 코가 가장 먼저 반응하죠. 마스크 착용이 알레르기 비염을 예방할 수 있습니다. 알레르기의 원인인 꽃가루, 각종 동물의 털 등을 마스크가 효과적으로 막아 줍니다. 집 먼지 진드기나 곰팡이도 알레르기 주요 원인으로, 집 안의 소파나 카페트 등의 먼지가 많은 침구류를 자주 세탁하거나 소독하세요.

그래도 증상이 심하다면 약물 치료를 생각해 봐야 합니다. 항히스타민제는 임신 중 복용해도 안전하고, 코에 뿌리는 스테로이드 역시 전신적인 영향이 없어 추천하는 약제 중 하나입니다. 증상이 너무 심할 때는 저용량의 경구 스테로이드를 단기간 투약하는 방법도 있습니다. 알레르기 결막염이 있을 때 사용하는 안약 역시 전신으로 흡수되는 양이 굉장히 적어 아기에게 미치는 영향이 거의 없어 안전하게 사용 가능합니다.

③ 제산제

대부분의 제산제는 복용해도 괜찮습니다. 약국에서 구입 가능한 현탁액 형태의 약들도 복용해도 됩니다. 증상이 심하면 프로톤펌프억제제와 같은 위산 분비를 직접 억제하는 약을 처방받으면 증상 조절에 도움이 됩니다.

④ 피부과 약

임신 중에 피부가 가려운 분들이 정말 많죠. 중기 이후 아기가 성장하면서 피부가 늘어나는데 날씨까지 건조하면 증상이 심해집니다. 평소 보습을 잘 하는 게 중요하고, 보습으로도 효과가 없다면 스테로이드 로션이나 연고를 처방받아서 적절히 사용하면 효과가 좋습니다. 평소 아토피가 심한 경우엔 저용량의 경구 스테로이드를 단기간 투약할 수 있습니다.

여드름 약 중 이소트레티노인 성분이 포함된 약은 사용하시면 안 됩니다. 이소트레티노인은 태아 기형을 유발하는 약으로, 복용 전 한 달부터 복용 후 한 달까지 반드시 피임을 해야 합니다. 복용 전 임신 테스트기로 미리 확인해 보세요. 복용 중 임신이 되었다면 전문가와 상의가 필요합니다. 건선 치료제인 아시트레틴도 태아 기형 유발 약물입니다. 아시트레틴은 복용 후 3년 동안 피임이 필요합니다.

⑤ 남편의 탈모 약

진료실뿐만 아니라 주변 의사들에게서도 많이 받는 질문입니다. 피나스테리드나 두타스테리드는 전립선비대증과 남성형탈모증 치료에 사용되는 성분입니다. 이 성분은 남성 호르몬인 안드로겐을 억제하기 때문에 임신 중 노출이 되면 태아 기형이 발생할 수 있습니다. 이 성분은 피부로도 흡수가 되기 때문에 접촉도 피해야 한다고 알려져 있어 더욱 무섭게 느껴지는 것 같습니다.

하지만 이 약물 역시 과도하게 걱정하실 필요는 없습니다. 지금까지 남성의 탈모 약 복용이 난임과 태아 기형을 유발했다는 사례가 보고되지 않았고, 기형 발생은 어디까지나 이론적인 내용입니다. 또한 약을 한두 번 만져서 피부로 흡수되는 정도로는 태아에게 영향이 있을 가능성이 거의 없습니다.

심지어 탈모 약이 정액으로도 배출되기 때문에 임신을 준비할 때부터 약 복용을 중단하는 분들도 있습니다. 정액으로 배출되기는 하지만 용량이 매우 적어 태아에 미치는 영향은 거의 없습니다. 조심해서 나쁠 것은 없지만, 지나친 우려로 탈모 치료 시기를 놓치지 않기를 바랍니다.

탈모 약 복용이 성욕 감소, 정자 수 감소를 일으킨다고 생각해 자의로 복용을 중단하는 분들이 계십니다. 이는 탈모 약이 성 기능을 낮출 수 있다는 편견이 심리적인 영향을 미친 것으로 보입니다.

정자 수에 관한 연구는 탈모 약을 먹기 시작하고 4개월까지 감소했다가 8개월 정도부터 다시 정상으로 회복하는 양상을 보입니다. 장기간 복용을 유지하면 가임력은 평소와 큰 차이가 없습니다. 하지만 본인의 판단대로 중단과 복용을 반복하면 오히려 단기 복용이 되기 때문에 정자 수가 감소하고 탈모 치료 효과 또한 떨어집니다.

⑥ 선물로 받은 한약(탕약, 첩약, 환약)

임신 중 기력 회복, 입덧 완화 등을 목적으로 한약을 먹거나 선물로 받는 분들이 꽤 있습니다. 평소 한약을 즐겨 먹던 분들도 임신한 후에는 계속 먹어도 될지 고민하시죠. 조심스럽지만 임신 중 한약은 먹지 않는 게 좋겠다고 말씀드리고 싶습니다.

한약은 정확한 성분 표시가 되어 있지 않고, 성분이 아닌 약초의 용량 정도만 적혀 있습니다. 약초를 달여 만든 생약 성분이라 안전하다고 주장할 수 있지만, 오히려 생약이기 때문에 성분과 함량이 정확하지 않아 안정성을 확인하기 어렵습니다. 같은 나무에서 자란 사과도 모양, 맛, 색이 각각 다르고 성분도 차이가 납니다. 약초도 수확한 계절, 재배한 지역과 환경에 따라 성분과 함량이 변하겠죠.

또한 약초를 달이고 농축해서 만드는 과정이 한의사나 한약방마다 달라 일관성을 얻기가 힘듭니다. 게다가 태반을 통과해 태아에게 영향을 미칠 수 있는 성분이 포함될 수 있지만 이를 확인하는 과정이 없습니다. 중금속, 농약 등 해로운 물질이 검출되고 유통 기한 표기가 없어 문제 제기가 계속되고 있죠.

다양한 약초를 섞어 만드는 한약의 특성상 여러 가지 성분이 포함되어 있습니다. 이런 여러 성분은 치료를 위해 복용 중인 약과 예상하지 못한 상호 작용이 나타날 수 있고, 흡수를 방해해 치료에 영향을 미칠 수 있습니다. 따라서 임신 중 한약 복용은 신중하게 생각하셨으면 좋겠습니다.

⑦ 간질 약

'뇌전증(간질)'이라는 질환이 낯설게 느껴지시는 분들도 있을 겁니다. 뇌 신경 세포에 이상이 생겨 과도한 흥분이 유발되어 발작, 의식 소실과 같은 뇌 기능의 이상이 반복적으로 생기는 질환입니다. 발병 원인은 연령에 따라 다르고 출산 시 합병이나 뇌종양, 외상, 감염으로 인해 발생하기도 합니다. 뇌전증 진단을 받지 않았더라도 뇌종양 수술 후 뇌전증 예방을 위해 항경련제(간질 약)를 복용하는 경우가 있습니다.

임신 중 항경련제를 복용하면 태아 기형의 발생 빈도가 증가합니다. 그렇지만 항경련제를 복용하지 않아 뇌전증이 발생하면 임신부와 태아 모두 위험할 수 있어 임신 중에도 복용을 계속 해야 하죠. 따라서 임신 계획 단계에서부터 기형을 낮추는 약제로 변경하거나 약제의 개수와 용량을 조절해야 합니다. 또한 기형을 줄이기 위해 엽산을 0.4 밀리그램에서 4밀리그램으로 증량하는 게 좋습니다. 이 모든 과정은 담당 주치의 선생님과 반드시 상의가 필요합니다.

항경련제의 기형 발생률은 3퍼센트 정도로 항경련제를 복용하지 않는 경우의 2퍼센트와 큰 차이가 나지 않습니다. 임신 중에 뇌전증 증상이 생기면 저산소혈증이 태아의 뇌 손상을 일으킬 수 있고, 넘어지거나 부딪혀 본인 신체와 자궁에 큰 외상을 입을 수 있습니다. 따라서 기형이 두렵다는 이유로 항경련제 복용을 중단하면 안 됩니다.

임신부가 꼭 먹어야 하는 영양제

핵심 미리보기!

임신 전과 후 절대 빼놓지 말아야 할 영양제가 있습니다. 현재 내가 복용하고 있는 영양제가 임신 중 섭취해도 괜찮은지, 적절한 용량인지 확인해 보세요.

우리나라는 건강 기능 식품이나 보양식을 참 좋아합니다. 철마다 챙겨 먹는 보양식이 참 많죠. 하나라도 더 챙겨주고 싶어 하시는 어머니의 마음이 담겨 있는 것 같기도 합니다. 평소 진료를 보거나 상담을 하다 보면 "이럴 땐 뭘 먹으면 좋을까요?"라는 질문을 정말 많이 듣습니다. 이제 우리나라는 영양 과잉이 문제가 되는 경우가 많아 더 먹는 것보다 덜 먹는 게 중요한데도 말이죠.

게다가 대부분의 필수 영양소는 음식물로 섭취할 때 흡수율이 높고 이미 충분히 섭취하고 있습니다. 개인적으로는 평소에 영양제를 먹는 걸 별로 좋아하지 않습니다. 간혹 주먹 가득 영양제를 드시는 분들을 보면 과도한 섭취로 부작용이 생기진 않을까 걱정될 때도 있죠.

하지만 임신부라면 이야기가 조금 달라집니다. 임신 전부터 챙겨야 할 영양제가 있고 임신 중과 임신 후에도 빼놓지 말아야 할 영양제들이 분명히 있습니다. 임신 중 태아의 성장에 필요한 영양소와 건강한 출산, 출산 후 회복을 위한 영양소들은 일상 식사로는 충분하지 않아 추가로 복용하셔야 합니다. 물론 과도한 섭취가 태아에게 악영향을 끼치는 영양소도 있으니 본인이 복용 중인 영양제들이 적절한 용량인지 확인이 필요합니다.

임신 전 필수 영양소, 엽산

임신하기 전부터 반드시 챙겨야 하는 영양소는 '엽산'입니다. 엽산을 복용하면 태아의 '신경관 결손'이라는 기형의 발생을 줄이는 효과가 있습니다. 신경관 결손은 태아의 선천성 결함 중 하나로, 임신 초기 태아의 신경관이 발달하며 잘 닫혀야 하는데, 척수나 뇌가 개방되어 결함이 생긴 경우입니다.

엽산은 비타민 B군에 해당하는 수용성 비타민으로 채소와 과일에 많이 들어 있지만, 조리 과정에서 대부분 파괴되어 식사로 필요량을 채우기가 어렵습니다. 임신을 준비하는 여성과 임신 초기 임신부에게 엽산은 꼭 복용해야 하는 영양제입니다.

① 얼마나 섭취해야 할까?

엽산은 하루에 0.4밀리그램(400마이크로그램) 이상 복용하면 충분합니다. 다만 신경관 결손이 있는 아이를 출산한 경험이 있으신 분은 4

밀리그램(4,000마이크로그램)을 복용하도록 권고합니다. 엽산은 많이 복용해도 큰 문제가 생기지 않습니다. 신경관은 임신 여부를 확인하기 어려운 아주 초기인 4주가량에 발생하기 때문에 임신 준비 기간부터 복용하도록 권고하며, 잘 복용하셨다면 임신 중기(14주 이후)가 되면 복용을 중단하셔도 괜찮습니다.

② 일반 엽산 vs 활성형 엽산

최근 '활성형 엽산'이 좋다는 이야기가 많습니다. 활성형 엽산이 일반 엽산보다 부작용이나 흡수율 측면에서 유리하다는 주장은 이론적인 배경에서 비롯되었습니다. 사실 임신부를 대상으로 두 가지 엽산을 비교한 임상 시험 정보가 부족해 실제로 어떤 영향을 미치는지에 대해 정확히 알지 못합니다. 하지만 지금까지 활성형이 아닌 일반적인 엽산을 복용해 왔지만 신경관 결손을 예방하기에 충분했으며 고용량(4밀리그램)으로 복용해도 문제가 없었습니다. 따라서 일반 엽산을 잘 복용하고 있는데 굳이 활성형 엽산제를 추가로 구매해서 복용할 필요는 없습니다.

임신 중기의 필수 영양소, 철분

임신 중기부터 필요한 영양소는 '철분'입니다. 임신 20주 이후에는 모든 산모의 철분 사용량이 증가하기 때문에 철분제를 꼭 복용해야 합니다.

철분제는 비타민 C와 같이 복용하면 흡수를 증가시킵니다. 특히 공복에 복용하면 흡수율이 높아지는데, 위장 장애가 있다면 자기 전에 복용해 보세요. 공복에 복용하지 못해 흡수율이 떨어질까 걱정하시는 분들도 계시는데, 흡수율이 조금 낮더라도 안 먹는 것보다 먹는 게 훨씬 중요하니 하루 중 본인이 복용하기 편한 시간이라면 언제라도 드시는 게 좋습니다. 분만할 때 출혈량이 상당하기 때문에 분만 후 3개월 정도까지 철분제를 계속 드시는 걸 추천합니다.

① 얼마나 섭취해야 할까?

임신 기간 동안 산모는 총 1,000밀리그램 정도의 철 성분이 필요합니다. 출산할 때 생길 출혈에 대비하여 모체는 혈액을 생성하느라 이 중 절반을 사용하고, 나머지 절반은 태반과 태아의 성장을 위해 사용합니다. 평소 식사로는 철 섭취가 부족하므로 이를 충족하기 위해서는 임신 20주 이후 하루 30밀리그램의 철 보충이 필요합니다. 철분제를 고르실 때 유효 성분 중 "철로서~mg" 부분을 보시면 정확한 용량을 확인할 수 있습니다.

② 철분제의 부작용

철분제 복용의 가장 큰 걸림돌은 '소화기계 부작용'입니다. 안 그래도 임신해서 생긴 변비가 철분제를 먹으면 더 심해져서 힘들어하시는 분들이 정말 많습니다. 철분제를 복용한 뒤 속이 쓰리거나 소화 불량 증상으로 불편해하시는 분들도 계십니다. 이럴 때 액상 철분제로 바꿔서 복용하면 증상이 호전되기도 하고, 액상 철분제로 바꿨어도 변비가 심하다면 변비 약을 같이 처방해 드리기도 합니다. 액상 철분제도 부작용이 심해 먹기 힘들다면 철분 주사로라도 철분을 보충하는 방법을 권해 드립니다.

철분제를 잘 복용하였더라도 임신 후기에 빈혈이 생길 수 있습니다. 이를 중간에 확인하기 위해서 임신 28주경에 시행하는 '임신성 당뇨 검사' 때 헤모글로빈 수치를 확인합니다. 임신한 경우에 헤모글로빈 수치가 11g/dL보다 낮으면 빈혈로 진단하고, 빈혈로 진단되면 철분제 복용 용량을 60~100밀리그램까지 늘리거나 철분 주사로 보충해야 할 수 있습니다. 만약 임신 전부터 빈혈이 있었거나 다태아 임신의 경우에는 더 많은 철분이 필요합니다.

아이오딘, 과도하게 섭취하면 독이다

잘 알려져 있지 않지만 특히 우리나라에서 과도한 섭취를 주의해야 할 영양소가 있습니다. 바로 '아이오딘'입니다. 제가 학창 시절엔 '요오드'로 배웠지만 최근에 아이오딘이라고 명칭이 바뀌었습니다. 아이오딘은 갑상선 호르몬의 주재료로 부족하면 갑상선 호르몬이 만들어지지 않아 갑상선 기능이 떨어져 신생아 때 성장에 문제가 생길 수 있습니다.

① 얼마나 섭취해야 할까?

아이오딘은 해조류에 특히 많습니다. 세계 해조류 소비 1위인 우리나라는 아이오딘 부족보다는 과잉을 조심해야 합니다. 임신부와 수유 중인 분들은 하루 250~300마이크로그램의 아이오딘 섭취를 권고하고 하루 2000마이크로그램 정도를 상한선으로 두고 있습니다.

② 과한 섭취는 좋지 않다

임신 중과 분만 후는 갑상선 기능에 변화가 오기 쉬운 시기로, 이때 아이오딘을 과도하게 섭취하면 갑상선 기능에 문제가 생길 수 있습니다. 우리나라는 산후조리를 위해 미역국을 많이 먹죠. 미역국 한 그릇에는 700마이크로그램의 아이오딘이 들어 있고, 하루에 두 그릇만 먹더라도 1500마이크로그램에 가까우며 우유나 생선, 김 등에도 아이오딘이 풍부하게 들어 있어 상한선을 넘기는 경우가 매우 많습니다.

미역국은 일주일에 두 번 정도 드셔도 충분하고 산후조리원에서 매 끼니마다 미역국이 나온다면 하루에 한 그릇을 넘지 않게 드시는 게 좋습니다. 간혹 아이오딘을 많이 포함하는 종합비타민제가 있으니 꼭 확인하고 드세요.

비타민, 어떻게 먹어야 할까?

비타민 B, C나 다른 미네랄은 평소 음식으로 충분히 섭취하고 있어서 특별히 영양제로 복용할 필요는 없습니다. 임신 전과 초기에는 엽산, 임신 20주부터 분만 후 3개월까지 철분제, 임신 전 기간에 걸쳐 비타민 D, 이렇게만 잘 드셔도 충분합니다. 여러 종류의 종합비타민제를 동시에 복용하면 비타민 A, 아이오딘 등을 과도하게 섭취할 수 있으니 종합비타민은 한 종류만 드시는 게 좋습니다.

① 비타민 D 부족을 조심하자

저를 포함해서 우리나라 사람 대부분이 비타민 D 부족입니다. 비타민 D는 지용성 비타민으로 장에서 칼슘의 흡수를 돕고 뼈의 생성과 성장에 필요한 영양소입니다.

비타민 D는 음식으로 섭취할 수 없고 햇빛에 피부가 노출되어야 생성됩니다. 사계절이 뚜렷한 우리나라는 여름 이외에는 긴팔을 많이 입고 여름에도 자외선차단제를 잘 바르기 때문에 햇빛에 노출되는 시간이 절대적으로 부족합니다.

임신 중 비타민 D가 부족하면 태아의 뼈 성장에 문제가 생길 수 있어 분만 후 수유할 때까지 600IU/d 이상을 복용하는 걸 권고합니다. 다른 혈액 검사 할 때 비타민 D 수치를 같이 확인하고 부족하다면 비타민 D를 보충하는 게 좋습니다.

② 비타민 A는 음식으로 충분하다

비타민 A는 우리 몸에 꼭 필요한 영양소이고 임신 중에도 태아의 발달에 반드시 필요합니다. 최근 인터넷이나 SNS에 임신 중 비타민 A를 먹으면 절대 안 된다는 과장된 정보가 돌면서 많은 분들이 비타민 A가 들어간 음식들도 피하기도 했습니다.

결론부터 말씀드리면, 비타민 A는 임신 중에는 반드시 필요하고, 음식을 통해 섭취하면 안전합니다. 임신 중 혈중 비타민 A 농도가 과도하게 높으면 태아 기형 등의 문제가 생길 수 있지만, 부족하면 태아 성장의 장애, 조산의 위험이 올라갑니다. 따라서 영양제를 통한 비타민 A 섭취는 단일 성분이 과도하게 흡수될 수 있어 임신 중에는 피하시는 게 좋습니다.

비타민 A는 여러 가지 형태로 분류되어 소비자가 혼동을 느끼기 쉬운 영양소입니다. 과일이나 녹황색 채소에 풍부하게 들어 있는 베타카로틴과 간, 계란 등에 들어 있는 레티놀 등으로 표시됩니다.

비타민 A의 성분마다 이름이 비슷한데 정말 다양하고 각기 다른 단위를 사용하기 때문에 하나씩 다 찾아보는 것도 쉽지 않습니다. 비타민 A를 단독으로 먹는 경우는 흔하지 않으나, 종합비타민에는 대부분 포함되어 있습니다. 따라서 종합비타민을 여러 종류 먹고 있다면 한 가지로 줄이세요. 마찬가지로 영양제를 여러 종류 복용 중이시라면 정리가 필요합니다.

임신 중
예방 접종의 모든 것

핵심 미리보기!

임신부와 태아 모두를 보호하기 위해 임신 중에도 필수적인 예방 접종이 있습니다. 대부분 백신은 임신 중에 맞아도 안전하지만 홍역·볼거리·풍진 백신은 예외이니, 임신을 시도하기 전에 꼭 검사해 보세요.

코로나19 대유행을 계기로 예방 접종의 중요성이 중요해졌습니다. 동시에 예방 접종의 부작용에 대한 막연한 두려움도 만연해졌죠. 코로나19 유행 이후 예방 접종에 대한 두려움으로 꼭 필요한 예방 접종을 피하는 분들도 있고, 특히나 임신부에게 예방 접종을 권고하는 게 의사에게도 큰 거부감으로 다가갔을지 모릅니다.

임신을 하면 우리 몸은 면역력을 낮추는 쪽으로 변화합니다. 면역세포 입장에서 태아는 외부 물질이므로 면역 반응을 일으켜 제거해야 합니다. 만약 면역 세포의 계획대로 진행된다면 유산이 되겠죠.

임신부는 임신 상태를 유지해야 하므로 면역 세포의 기능을 떨어뜨려 태아를 제거하지 못하게 합니다. 그러다 보니 각종 감염병에 취약한 상태가 됩니다. 면역력이 감소된 상태에서 세균이나 바이러스에 노출되면 감염이 잘 될 뿐만 아니라 감염 후 중증도가 높아집니다.

임신 중 꼭 필요한 예방 접종

그렇다면 모든 예방 접종이 임신부에게 안전할까요? 예방 접종 중에서도 맞아도 되는 예방 접종과 임신 중 맞으면 안 되는 예방 접종이 존재합니다. 먼저 맞아도 되는 예방 접종부터 알아보겠습니다.

① 인플루엔자 접종

인플루엔자바이러스는 독감의 원인 바이러스로 매년 예방 접종을 시행합니다. 매년 과학자들이 다음 해에 유행할 바이러스 변이를 네 가지 정도 예측하여 백신을 개발하고 유행 전 접종합니다. 고령자나 소아, 면역 저하자가 독감에 걸리면 폐렴이나 뇌수막염 같은 합병증이 발생하여 사망까지 이를 수 있습니다. 2009년 인플루엔자의 변이인 '신종플루'가 유행하여 우리나라에 75만 명의 확진자와 270명의 사망자가 발생했습니다.

인플루엔자 바이러스는 변이가 많아 예측이 어렵지만 신종플루처럼 중증 환자가 발생할 수 있어 매년 예방 접종을 하고 있습니다. 임신부는 면역이 저하되어 있는 대표적인 환자군으로 인플루엔자에 걸리면 폐렴으로 진행될 가능성이 있고 사망, 고열로 인한 기형아 발생, 조산이나 사산의 위험이 있습니다.

인플루엔자에 걸렸을 때 항바이러스제로 적절히 치료하면 되지만 걸리기 전에 예방하는 게 가장 좋습니다. 임신 주수에 상관없이 예방 접종이 가능하니 인플루엔자 유행 시기인 11월이 되기 전에 접종하는 걸 추천합니다.

② 백일해 접종

백일해는 백일해균에 의한 감염병으로, 소아에게 일어날 수 있는 전염성이 가장 심한 감염 질환 중 하나입니다. 게다가 어리면 어릴수록 사망률이 높아집니다. 신생아는 태어나고 3개월 뒤 백일해 접종을 시작하기 때문에 첫 3개월 이내에는 백일해균에 면역력이 없는 상태입니다.

임신 27~36주 사이에 임신부가 백일해 예방 주사를 맞으면 태반을 통해 항체를 태아에게 전달해 줄 수 있습니다. 임신 중 맞는 백일해 예방 주사는 임신부를 위해서라기보다는 태아를 위한 접종이고, 임신 할 때마다 맞아야 합니다.

임신부와 아기 모두 예방 접종을 했어도 균에 노출될 수 있습니다. 이러한 노출을 줄이기 위해 남편을 비롯해 양육에 참여할 어른들도 아기 만나기 2주 전에 백일해 접종을 하는 게 좋습니다. 최근 10년 이내에 백일해 주사를 맞았다면 추가 접종은 필요 없으나, 10년 이내에 맞은 적이 없거나 기억이 나지 않는다면 맞는 것을 권고합니다.

③ B형 간염 접종

임신 전 검사나 임신 확인 후 시행하는 혈액 검사에 B형 간염 항원/

항체가 기본적으로 포함되어 있습니다. B형 간염 바이러스는 간 경화와 간암의 원인이 되고 혈액을 통해 전파됩니다. B형 간염에 걸린 임신부가 분만할 때 아기가 감염될 수 있어서 꼭 확인해야 하는 검사입니다.

B형 간염 항체가 없다면 임신 중이라도 접종을 권합니다. 우리나라는 B형 간염 보유자가 많고, 항체가 없는 임신부가 B형 간염 환자의 혈액에 노출되면 감염될 수 있기 때문입니다. 0, 1, 6개월에 총 3회 접종해야 하며, 임신 중 B형 간염 예방 접종은 안전합니다. 건강 검진에서 항체가 없다는 사실을 알았을 때 예방 접종을 완료하여 항체를 생성하는 게 가장 좋고, 임신 준비 기간에 예방 접종을 시작했다면 접종 일정대로 주사를 맞으면서 임신 시도를 하면 됩니다.

출산 후 이어서 맞기를 추천하는 예방 접종

다음은 임신 중 맞아도 되지만, 되도록이면 출산 후 이어서 맞기를 추천하는 예방 접종입니다.

① 인유두종바이러스(HPV) 접종

인유두종바이러스는 자궁 경부암의 중요한 원인입니다. B형 간염과 더불어 예방 접종의 보급으로 암 발생률이 낮아졌습니다.

백신은 3종류이며 6개월간 3회 접종하는데, 주사 맞는 기간에 임신이 되었다면 남은 접종은 어떻게 해야 할까요? 3회 다 맞지 못한 상태에서 임신을 했다면 출산 후 이어 가면 됩니다. 임신이 된 줄 모르고 주사를 맞더라도 임신에 미치는 영향은 없으니 걱정하지 않으셔도 되고, 출산한 뒤 접종을 잊을 것 같다면 임신 중에 맞아도 괜찮습니다. 인유두종 바이러스 백신을 완료했어도 자궁 경부암 검사와 인유두종 바이러스 검사는 1~2년 간격으로 받는 게 좋습니다.

② A형 간염 접종

A형 간염은 B형 간염과는 다르게 암을 일으키지는 않으나, 급성 간염으로 발열과 황달, 간 수치 상승이 생길 수 있으며 심하면 간 부전으로 간 이식을 받아야 할 수도 있습니다. 임신 중에 A형 간염에 걸리면 치료에 어려움이 생기므로 혈액 검사에서 A형 간염 항체가 없다면 임신 전에 접종을 완료하는 게 좋습니다. 6개월 간격으로 2회 접종해야 하는데, 접종 기간 안에 임신이 되었다면 출산 후에 맞으셔도 되고 임신 기간에 맞아도 큰 문제는 없습니다.

임신 중 맞으면 안 되는 예방 접종

임신 중에는 '생백신'을 맞으면 안 되고, 생백신을 맞고 4주간은 피임을 권고합니다. 생백신이란 살아 있는 바이러스를 주입하여 면역 반응을 일으키는 백신으로 대표적으로 '홍역·볼거리·풍진(MMR) 백신', 수두 백신, 대상포진 백신이 있습니다.

임신이 된 줄 모르고 생백신을 맞았다고 임신 중절을 해야 하는 건 아닙니다. 임신 중 생백신을 피하라는 주장은 이론적인 근거에서 비롯되었을 뿐이며, 최소한의 안정성 확보를 위한 주장입니다. 임신 중에 생백신을 맞았다면 주치의 선생님과 상의하고 잠재적인 감염 위험성을 확인하면 됩니다. 이외의 대부분 백신은 '사백신'으로 임신 중에 맞더라도 예방 접종 자체로 문제가 되지는 않습니다.

임신 중 풍진에 걸리면 태아 기형이 발행하기 때문에, 임신 전 혈액 검사에서 풍진 항체가 없다면 홍역·볼거리·풍진 백신을 접종한 뒤 4주간 피임 후 임신 시도를 해야 합니다. 임신 후에는 항체가 없다는 사실을 알았도 홍역·볼거리·풍진 백신 접종을 할 수 없으므로 임신 시도하기 전에 검사하는 게 좋습니다.

2장

"몸에 변화가
생겼어요"

입덧 때문에
힘들다면

핵심 미리보기!

입덧이 심한 경우에는 반드시 치료를 해야 합니다. 체중의 변화가 심하거나 구토가 심하다면 꼭 병원에 가야 하죠. 또한 입덧이 괜찮아지려면 임신부뿐만 아니라 온 가족의 도움이 필요합니다.

아침 드라마나 사극을 보면 여자 등장인물의 임신을 헛구역질하는 모습으로 암시하는 장면이 자주 등장합니다. 실제로 입덧은 임신한 분들의 80퍼센트 이상이 경험할 정도로 흔합니다.

입덧이 왜 생기는지는 아직 확립된 이론은 없으나, 임신으로 인한 여러 가지 호르몬의 급격한 변화가 원인이라고 여겨지고 있습니다. 빠르면 임신 5주부터 입덧 증상을 느끼기 시작해서 15주가 지나면 대부분 증상이 사라지고 20주가 되면 거의 모든 분이 입덧에서 해방됩니다. 간혹 만삭 때까지 입덧이 지속되는 분도 있는데, 바로 저희 어머니께서 분만 직전까지 입덧 때문에 고생하시다가 저를 분만하고 나서야 속이 좋아지셨습니다.

입덧도 치료가 필요하다?

입덧이 가볍게 지나가면 다행이지만, 심할 때는 치료가 필요합니다. 임신하면 입덧을 당연히 겪어야 할 그리고 무작정 참아야 할 통과의례 정도로 가볍게 생각해서서 큰 문제가 생기기도 합니다. 임신부의 건강이 악화되면 아기에게도 좋지 않습니다. 일상생활이 불편하다면 입덧 약을 먹어서 증상을 완화해야 하고, 입덧이 아주 심하다면 입원 치료가 필요할 수도 있습니다.

그렇다면 병원에는 언제 방문해야 할까요? 입덧이 심한지는 구토의 정도와 체중의 변화로 짐작할 수 있습니다. 임신 초기에는 보통 체중 변화가 거의 없습니다. 입덧이 생기고 임신 전의 체중보다 5퍼센트 이상 감소했다면 입원을 고려해야 합니다. 체중 감소가 동반될 정도면 물도 잘 못 마셔서 탈수가 진행되고, 혈액 검사에서 전해질 불균형이 생겨 심각한 문제가 생길 수 있습니다.

체중 변화가 없더라도 구토가 심하다면 입원을 권장합니다. 심한 구토는 식도에 상처를 내기 때문에 피가 섞여 나오기도 합니다. 이런 상처가 회복되지 못하고 계속되면 '말로리바이스 증후군'이라는 질병으로 진행되어 과다 출혈, 식도 천공을 유발할 수 있습니다. 또한 구토를 반복적으로 하면 위산이 식도로 넘어와 역류성 식도염을 일으키고 이것이 지속되면 식도암의 위험인자인 '바렛 식도'가 생길 수 있습니다.

만약 입원할 정도로 증상이 심하지 않다면 외래에서 입덧 약을 처방받으면 됩니다. 병원에서 처방하는 입덧 약은 피리독신과 독시라민이 주성분으로 된 복합제로, 피리독신은 비타민B6 군에 속하는 수용성 비타민이며 독시라민은 1세대 항히스타민입니다. 둘 다 역사가 오래된 약으로 임신부에게도 사용한 경험이 많아 안전성이 확립되어 있어 안심하고 복용하셔도 됩니다.

입덧을 완화할 수 있는 방법

입덧 약의 가장 흔한 부작용은 졸림과 입 마름 증상입니다. 둘 다 1세대 항히스타민의 전형적인 부작용으로 다행히 태아에게 미치는 영향은 없습니다. 자기 전 2알까지 복용을 해 보고 다음 날 증상이 남아 있다면 아침 1알과 점심에도 1알을 추가하여 하루에 총 4알까지 먹을 수 있습니다. 아침과 점심에 복용할 때는 졸린 증상이 나타날 수 있기 때문에 운전이나 기계 조작을 할 때 주의해야 하며, 너무 졸려서 일상생활이 오히려 더 불편해진다면 밤에만 입덧 약을 먹고 아침과 낮에는 다른 성분의 약을 먹으면 됩니다.

입덧이 심해 입원을 하면 기본적으로 포도당 수액을 공급합니다. 포도당 수액에는 에너지원인 포도당뿐만 아니라 소듐(나트륨)과 같은 우리 몸에 중요한 전해질이 포함되어 있어 탈수로 인한 전해질 불균형을 교정합니다.

만약 수액을 맞더라도 식사량이 적어 섭취하는 열량이 기초대사량에 미치지 못한다면 단백질과 지방, 미네랄이 포함된 '정맥영양요법'을 추가합니다. 항구토제와 제산제를 먹은 뒤에도 물을 마시자마자 토할 정도로 심하다면 항구토제와 제산제를 주사로 처방할 수 있습니다. 당연히 임신 초기에 안전한 약으로 처방하니 걱정하지 않으셔도 됩니다.

입원이 필요하지만 여러 가지 사정으로 입원이 어려울 때가 있습니다. 병가를 자유롭게 쓰지 못하거나 첫째를 돌봐 줄 사람이 없는 상황이라 입원이 어렵다면 외래에서 수액 치료를 하기도 합니다. 다른 주사를 추가하지 않고 포도당 수액만 맞더라도 하루 이틀은 증상이 완화되기도 합니다. 입원이 부담스럽다면 외래에서 수액 치료하는 것도 고려해 보세요.

입덧 때문에 약이나 필수 영양제를 먹는 것도 곤욕일 때도 있습니다. 냄새에 예민해져서 엽산을 아예 못 먹는 분도 있죠. 앞서 말씀드렸다시피 신경관은 임신 여부를 확인하기 어려운 아주 초기인 4주가량에 발생하기 때문에 엽산은 임신 중보다 임신 준비 기간에 복용하는 게 중요합니다. 엽산을 먹기가 너무 힘들다면 억지로 먹지 마시고 잠시 쉬어가도 좋습니다.

입덧, 가족의 노력이 필요하다

이 이야기는 임신부보다 가족들에게 더 필요할지도 모릅니다. 특히 입덧 임신부의 가족이라면 꼭 읽어보길 바랍니다. 임신부가 왜 입덧 때문에 힘들어하는지, 어떻게 도와줄 수 있는지를 참고해 보세요.

① 후각이 예민해진다

입덧은 후각이 예민해지는 것으로 보통 시작합니다. 밥 짓는 냄새에도 속이 울렁거리고 물맛도 비리게 느껴집니다. 배가 불러도 한입만을 외치던 라면 냄새에도 괴롭습니다. 만약 임신부가 너무 힘들어한다면 가족들도 냄새가 심한 음식은 잠깐 참아 주세요.

가열된 음식은 냄새가 더 많이 나기 때문에 시원한 음식 종류가 좋습니다. 과일과 야채가 들어간 상큼한 샌드위치, 새콤달콤한 유부초밥, 너무 맵지 않은 비빔국수 같은 음식은 만들기 간단하면서도 조리과정에서 냄새가 많이 나지 않아 추천하는 메뉴입니다. 과일화채는 수분과 비타민, 식이섬유가 풍부해서 탈수와 변비가 예방되는 좋은 간식이 될 수 있습니다.

식사나 간식도 중요하지만, 평소에 물을 충분히 마시는 것도 놓치면 안 됩니다. 생수가 냄새가 나서 마시기 힘들다면 전날 레몬이나 오렌지를 한두 조각 넣어 둔 물은 좀 더 마시기 편할 겁니다. 탄산수는 소화 불량, 가스 차는 증상, 치아 부식 등을 유발하기 때문에 추천하지 않습니다.

② 공복에는 입덧이 더 심해진다

입덧을 영어권에서 '모닝 시크니스(Morning sickness)'라고 합니다. 아침, 즉 공복에 입덧이 심하기 때문입니다. 식사 중간에 가볍게 먹을 수 있는 간식을 준비하는 것도 좋은 방법입니다. 짜고 단 자극적인 간식보다는 열량이 높지 않고 담백한 크래커 같은 간식을 고르시면 좋습니다.

생강이 입덧 증상을 진정시키는 데 효과가 있습니다. 하지만 생강은 향이 강해 바로 먹기는 어렵죠. 생강차나 생강 사탕도 좋지만 그것조차 향 때문에 먹기 어렵다면 생강 쿠키도 간식으로 좋습니다.

③ 먹고 싶은 음식이 시시각각 달라진다

어느 한여름, 딸기가 먹고 싶어 남편에게 딸기를 사다 달라고 부탁했는데, 막상 딸기를 보니 먹고 싶은 마음이 사라질 수도 있습니다. 족발이 먹고 싶어 배달시켰는데 냄새를 맡으니 방으로 들어가고 싶을 때도 있죠. 남편 역시 이럴 때 너무 서운해하기보단 '오히려 좋아'라고 생각하시는 편이 좋습니다. 저도 레몬 생강청을 사 갔지만 아내가 입도 대지 않아서 결국엔 제가 다 먹은 경험이 있습니다.

임신부가 입덧으로 힘들어할 때 가장 중요한 건 가족들의 지지입니다. 특히 남편의 역할이 가장 중요합니다. 평소 가장 가까이에서 자리를 지켜주는 것은 물론, 주변 사람들과의 중재가 필요한 시기이기도 합니다.

예를 들어 명절은 가족들이 모두 모여 즐거운 시간을 보내는 시간이지만 임신부의 입덧을 악화시키는 시기입니다. 시골로 내려가는 길, 평소 잘 하지도 않던 멀미는 입덧과 더해져 매우 심해지는데, 교통 체증을 겨우겨우 뚫고 도착한 시댁에서는 음식 냄새에 입덧이 더 올라옵니다. 아무리 앉아서 쉬라고 해도 그만큼 불편한 가시방석이 없을 겁니다. 부모님의 사랑은 충분히 이해하지만 그 사랑을 받는 당사자는 곤욕을 겪고 있을지도 모릅니다. 이러면 사랑받는 입장은 괴롭고 주는 사랑도 힘들겠죠.

모두를 위해서라도 남편이 가운데에서 조율을 잘 해주셔야 합니다. 만약 아내의 입덧이 너무 심하다면 명절에는 집에서 쉬고 입덧이 어느 정도 괜찮아진 뒤 부모님 댁에 가는 방법도 있습니다. 가족 문화와 각자의 상황에 따라 현명하게 중재하는 역할은 임신과 육아를 넘어 남편의 가장 중요한 덕목이지 않을까 싶습니다.

어지럼증,
다 빈혈 때문일까?

핵심 미리보기!

어지럼증과 빈혈을 구별해야 합니다. 어지럼증은 이석증 등 귀의 이상으로 발생하기도 합니다. 평소 빈혈이 없었다면 임신 20주가 되기 전에 철분제를 복용할 필요가 없습니다.

"며칠 전부터 계속 어지러워서 철분제 한 알 먹었는데 아직도 어지러워요."

임신 10주 차 환자분이 하신 말입니다. 진료실에서 이런 이야기를 하시는 분들이 정말 많습니다. '어지러움' 하면 가장 먼저 떠오르는 증상이 빈혈이죠. 임신 후에 빈혈이 잘 생긴다고 알려져서 보통 어지러우면 빈혈부터 의심하는 것 같습니다. 특히나 임신 초기에 평소에 느끼지 못하던 어지러운 증상 때문에 불편해하시는 분들이 많습니다. 그럼 임신 중 어지러움은 정말 다 빈혈 때문일까요?

빈혈에 대한 세 가지 오해

"며칠 전부터 계속 어지러워서 철분제를 한 알 먹었는데 아직도 어지러워요"라는 짧은 문장에는 의학적으로 세 가지 오류가 있습니다. 오류를 하나씩 짚고 넘어가 보겠습니다.

① 임신 초기에는 전에 없던 빈혈이 갑자기 생기지 않는다

성인 여성은 혈액 검사상 혈색소(헤모글로빈) 수치가 12g/dL보다 낮으면 빈혈로 진단합니다. 임신을 하면 11g/dL로 기준이 바뀝니다. 대량 출혈이나 빈혈을 일으키는 질환이 없다면 임신 초기에는 임신 전과 혈색소 변화가 거의 없습니다. 임신 전 검사 혹은 임신 확인 후 시행한 혈액 검사에서 혈색소 수치가 정상이었다면 임신 20주 전까지 빈혈 걱정은 하지 않으셔도 됩니다.

그럼 언제부터 빈혈이 생길까요? 분만할 때 생길 출혈에 대비해서 임신 20주 정도부터 임신부의 혈액량이 증가하기 시작합니다. 혈액량이 늘면서 그만큼 혈색소를 만들기 위해 몸에 저장되어 있던 철분을 사용합니다. 이 시기에 태아도 성장 속도가 빨라지면서 엄마의 몸에 저장된 철분을 가져다가 쓰죠. 이때부터 저장 철이 소모되기 시작하므로 철분을 적절히 섭취하지 않으면 빈혈이 생길 수 있습니다. 이렇게 저장 철이 부족해 생기는 빈혈을 '철 결핍성 빈혈'이라고 부릅니다.

② 빈혈 증상이 생기려면 대량 출혈과 같은 증상이 있어야 한다

500밀리리터 정도 출혈이 있어야 혈색소는 1g/dL가량 감소합니다.

정상적인 생리를 하시는 분이라면 생리 주기 동안 총 40밀리리터 정도의 출혈이 있고, 치료가 필요한 월경 과다의 경우 생리 양은 80~100밀리리터 정도입니다. 전혈 헌혈의 경우에도 320밀리리터나 400밀리리터만큼 헌혈을 하게 되니, 500밀리리터의 혈액은 상당한 양이죠.

위장관 출혈이 있다면 출혈이 겉으로 보이지 않아 빈혈이 상당히 진행된 뒤 발견되기도 합니다. 위장관 출혈의 원인은 위나 십이지장 궤양에서 출혈이 있거나, 암 같은 악성 종양입니다. 궤양이 있다면 심한 속 쓰림 등의 증상이 먼저 나타나 출혈이 생길 정도로 심해지기 전에 내시경으로 진단과 치료가 되었을 가능성이 큽니다. 임신을 시도하는 젊은 나이에서 악성 종양이 생길 가능성이 높지 않으니 크게 걱정하지 않으셔도 됩니다.

빈혈이 생길 정도로 위장관에 출혈이 많다면 흑색 변이나 혈변, 저혈압, 실신 등의 증상이 동반됩니다. 출혈 외에도 빈혈의 원인이 되는 다양한 질병들이 있습니다. 하지만 이런 질병들은 흔하게 발생하지 않아 임신 후 생기는 빈혈의 일반적인 원인으로 보기는 어렵습니다.

③ 철분제 한두 알 먹는다고 빈혈이 해결되지 않는다

철 결핍성 빈혈의 치료는 부족한 철분을 보충하는 것입니다. 경구 철분제를 60일 정도 꾸준히 먹어야 혈색소 수치가 교정되며, 교정 이후 6개월 정도 철분제를 추가로 복용해 부족한 저장 철을 보충해 줍니다. 빈혈이 있더라도 하루이틀 철분제 한두 알을 먹는 것으로 교정되지 않습니다.

임신 초기 미리보기

어지럼증과 빈혈을 구별하자

어지럼증은 빈혈의 대표적인 증상이 아닙니다. 철 결핍성 빈혈은 오랜 시간을 두고 천천히 발생하므로 증상이 거의 없습니다. 증상이 생길 정도로 혈색소 수치가 감소하면 어지러운 증상보다는 전신이 무기력한 느낌이 들고 만성 피로, 두통, 두근거림 등의 증상이 대표적으로 나타납니다.

어지럼증의 대부분은 이석증이나 전정신경염과 같이 귀의 전정기관에 이상(말초성 어지럼증)이 생겨 발생합니다. 뇌졸중이나 뇌종양처럼 뇌에 질환이 생긴 경우(중추성 어지럼증)는 고령에서 주로 발생하고, 중추성 어지럼증은 심한 두통이나 마비 증상이 동반되는 경우가 대부분으로 다른 증상 없이 어지럼증만 있다면 중추성 어지럼증의 가능성은 떨어집니다.

흔히 발생하는 앉았다 일어날 때 어지러운 증상은 '기립성 저혈압'에 의한 현상입니다. 임신 후 기립성 저혈압이 심해지는 경우가 많습니다. 기립성 저혈압은 체위가 변하면서 뇌로 가는 혈류가 일시적으로 줄어들어 생기는 것으로 빈혈과는 별개입니다.

기립성 저혈압은 치료 방법이 딱히 없고 심한 경우 넘어져서 다칠 수 있기 때문에 예방이 중요합니다. 앉거나 누워 있는 상태에서 일어날 때 급하지 않게 천천히 움직이는 게 좋습니다. 임신 후 수분 섭취가 부족해 저혈압이 생길 수 있으므로 충분한 수분 섭취가 도움이 되기도 합니다.

또한 임신 초기 입덧의 증상으로 어지러움을 느낄 수 있습니다. 제가 입덧을 겪어보지는 못했지만 멀미하는 것과 비슷하다고 합니다. 미식거리고 울렁거리면서 어지럼증이 동반될 수 있고 식사량이 줄고 수분 섭취가 부족해지면서 기력이 없어지는 상태를 어지럽다고 느낄 수 있습니다. 이런 경우는 입덧이 좋아지면 어지럼증도 자연스럽게 사라집니다. 어지럼증을 빈혈 때문이라고 잘못 생각하고 철분제를 먹으면 입덧 증상을 더 심하게 만들 수 있으니 주의가 필요합니다.

이처럼 어지럼증의 원인은 다양하고 원인에 따라 치료가 달라지므로 정확한 진단이 필요합니다. 빈혈이 의심된다면 간단한 혈액 검사로 금방 확인할 수 있습니다. 어지러운 증상을 혼자 참지 마시고 병원에 방문해서 진료를 받으세요.

철분제는 임신 20주부터

임신 전 혹은 임신 초기 혈액 검사에서 빈혈이 없었고 아직 임신 20주가 되지 않았다면 빈혈이 생길 가능성은 거의 없어 철분제를 복용할 필요가 없습니다. 철분제는 임신 20주 정도부터 복용을 시작하는데, 철분 함유량이 30밀리그램 이상인 철분제로 골라야 합니다.

철분제를 잘 먹는데도 빈혈이 지속된다면 철분제 복용 횟수를 늘리거나 고용량 철분제로 변경해야 합니다. 보건소에서 무료로 나눠 주는 철분제의 철분 함유량은 대부분 30밀리그램 이상이고, 구매하거나 선물용으로 고를 때 철분제 뒤편에 적혀 있는 유효 성분 중 "철로서 ~mg"인 부분을 잘 찾아보시면 정확한 용량을 확인할 수 있습니다.

분만할 때 생기는 출혈로 인해 출산 후에도 철 결핍성 빈혈이 생길 수 있습니다. 분만할 때 출혈량이 많지 않았더라도 산후 검진 때 시행하는 혈액 검사를 꼭 받아보시고 필요하다면 철분제를 챙겨 드세요.

철분제의 가장 불편한 점은 소화 장애입니다. 철분제는 공복에 복용해야 흡수가 잘 되지만 속 쓰림, 오심, 구토 같은 증상으로 불편하다면 식사 직후나 취침 전에 복용해도 괜찮습니다. 또한 변비 때문에 복용이 어려우신 분은 변비 약을 추가로 먹어도 괜찮습니다.

소화 장애가 심한 경우엔 액상 철분제로 변경하면 부작용이 좋아지기도 합니다. 주치의 선생님과 상의하여 액상 철분제를 처방받으시면 됩니다. 비타민 C를 같이 섭취하면 철분 흡수를 도울 수 있고 제산제, 변비 약, 칼슘이 많이 들어 있는 약이나 우유를 같이 먹으면 흡수가 방해될 수 있으니 2시간 이상 간격을 두고 드세요. 철분제 복용으로 생긴 흑색 변은 정상적인 반응이므로 놀라지 않으셔도 됩니다.

임신 20주 이후에는 철분제가 꼭 필요한 영양제이지만, 임신 초기에는 빈혈이 없다면 철분제를 드실 필요가 없습니다. 갑자기 어지럼증이 생겨서 힘들다면 반드시 병원에 방문해서 진료를 받으세요.

쌍둥이,
조산을 조심해야 한다

핵심 미리보기!

난임 시술을 하는 환자가 늘어나며 다태아 임신 확률이 높아지고 있습니다. 셋 이상의 다태아 임신이라면 산모와 아이 건강을 위해서 '선택적 태아 감수술'을 하기도 합니다.

대한, 민국, 만세 삼둥이가 텔레비전 육아 프로그램에서 큰 인기를 끌고 있을 때, 저는 서울대병원 분만장에서 고위험 임신과 다태아 명의이신 전종관 교수님 아래에서 전공의 수련을 받으며 다태아 산모들의 출산을 돕고 있었습니다. 전종관 교수님은 전국의 다태아 어머니들 사이에서 '갓종관'이라고 불릴 정도로 많은 인기를 누리고 계셨죠. 교수님 덕분에 다양한 다태아 상황을 보고 공부도 많이 할 수 있었습니다.

다음에 나오는 그래프를 한번 참고해 볼까요? 2022년 대한민국 전체 출생아 중 다태아 비중은 5.8퍼센트로 2002년보다 3배 가까이 증

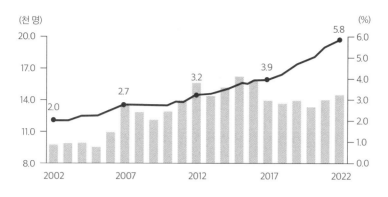

(천 명)

(%)

다태아 출생아 수 및 비중 추이(2002~2022)

가하였고, 전 세계 다태아 비중이 3퍼센트가량인 것에 비해 두 배 정도 높습니다. 다태아를 출산한 임신부의 평균 연령은 35.0세이고 35~39세에 출산한 임신부의 다태아 비중은 8.8퍼센트로 가장 높았습니다. 출산 당시 여성의 나이가 매년 증가하고 있고 35세 이후 난임이 증가하여 인공수정이나 시험관 아기 시술의 결과로 다태아 비중이 증가한 것으로 보고 있습니다. 자연 임신으로 쌍둥이가 태어날 확률은 1퍼센트, 세쌍둥이가 태어날 확률은 0.01퍼센트임을 고려하면 난임 시술로 쌍둥이는 6배, 세쌍둥이는 20배 증가했습니다.

다태아 임신에서 주의해야 할 점

이처럼 주위에 다태아 소식을 전하면 겹경사라며 축하를 받습니다. 다태아 임신이 매우 축하할 일이기도 하지만, 다태아는 대표적인 고위험 임신입니다. 여러 가지 합병증 발생 가능성이 높기 때문에 걱정스럽기도 합니다.

다태아 임신은 태아와 임신부 모두의 합병증 발생률을 높입니다. 다태아 중 1명이라도 유산이 될 확률이 15퍼센트이고, 저체중 출생, 조산, 선천적 기형 발생 가능성이 단태아보다 높습니다. 임신 초기에는 쌍둥이였는데 유산이 되어 한 아이만 남는 경우도 생각보다 혼합니다. 28~30주 정도까지 다태아와 단태아의 성장 속도는 비슷하다가 30주 이후 다태아는 더디게 성장합니다.

쌍둥이는 절반 이상이 37주 이전에 태어나는데, 체중도 적게 나가는데 조산까지 하니 신생아 예후가 나쁠 수 있습니다. 다태아 임신부는 단태아를 임신했을 때보다 임신성 고혈압이 더 많이 생기고 산후 출혈의 양이 많아 임신부의 예후도 불량한 경우가 있습니다. 이러한 합병증들은 태아의 수가 늘어날수록 발생률도 증가합니다.

그렇다면 다태아 임신을 무조건 피해야 할까요? 현실적으로 피하기는 어렵습니다. 그 이유는 자연 임신으로도 얼마든지 다태아 임신이 가능하고, 난임 시술을 하는 환자가 늘어나고 있기 때문입니다. 체외 수정(시험관 아기 시술)이나 인공 수정 같은 난임 시술을 하면 다태아 임신의 확률이 높아집니다.

남은 태아의 생존율과 신생아 합병증, 임신부 합병증을 줄이기 위해 셋 이상의 다태아 임신이라면 '선택적 태아 감수술'을 시행하는 경우도 있습니다. 하지만 임신부와 가족뿐만 아니라 시술을 하는 의사에게도 심리적으로 매우 어려운 시술입니다.

물론 선택적 태아 감수술이 꼭 필요할 때도 있습니다. 선택적 태아

임신 초기 미리보기

감수술을 해야 한다면, 주치의 선생님과 꼭 상담해 보세요. 선택적 태아 감수술이 필요한 이유와 얻을 수 있는 이득 그리고 시술로 생길 수 있는 합병증에 대해 모두 이해한 뒤 가족들과도 심도 깊은 대화를 하고 결정하시길 바랍니다.

속이 쓰려서
고민이라면

핵심 미리보기!

임신 초기에는 입덧과 함께 속 쓰림 증상이 흔하게 찾아옵니다. 위산 중화제를 먹어도 괜찮지만, 그보다 건강한 식습관이 가장 중요합니다.

평소 임신이 아니더라도 속이 쓰려 고생한 경험, 있으시죠? 제산제를 먹고 속이 편해지는 텔레비전 광고 장면이 '밈'으로 유행할 정도로 많은 분들이 속 쓰림으로 고통받습니다. 그만큼 제산제 종류도 다양하고 심지어 위에 좋다는 민간요법과 음식들은 아침 건강방송의 단골손님입니다.

반면에 평소에 속 쓰림이 뭔지도 모르고 지내다가 임신을 한 뒤 속 쓰림을 제대로 느끼시는 분들도 있습니다. 진료실에서 속이 쓰려서 힘들다고 말씀하셔서 제산제를 처방해도 다음 진료 때 다시 확인해 보면 약을 먹지 않았다는 분들이 대부분입니다. 제산제를 정말 먹어도 되는지, 태아에게 영향은 없을지, 참으면 괜찮아지지 않을까 하는 마음일 텐데, 진료하는 의사 입장에서 힘들게 참았을 모습이 안타깝습니다. 이제부터 임신 중엔 속이 왜 그렇게 쓰린지, 속 쓰릴 때 안전하게 먹어도 되는 약이 있을지 알아보겠습니다.

임신 초기 흔히 발생하는 속 쓰림

임신 초기에는 입덧과 함께 속 쓰린 증상이 흔히 생깁니다. 입덧으로 식사를 못 하면 비어 있는 위 점막을 위산이 자극해 염증이 생깁니다. 헛구역질이나 구토가 동반되었다면 위산이 식도를 자극하여 역류성 식도염이 생길 수 있죠.

임신 중기 이후 입덧이 좋아지더라도 자궁이 커지면서 위를 위쪽으로 압박해 신물이 올라오는 증상이 자주 생깁니다. 평소에 위염이나 식도염이 있었다면 증상이 더 심해질 수 있습니다. 위에서 분비되는 위산과 위벽, 식도, 십이지장을 보호하는 보호막 사이에 균형이 중요한데, 여러 가지 원인으로 이 균형이 깨지면 염증이 생기고 속 쓰림이 생깁니다.

그렇다면 언제 병원에 가야 할까요? 어느 정도 심해야 병원에 가야 하는지, 속 쓰림 때문에 진료 보러 가도 되는지 고민하다가 병원 갈 타이밍을 놓쳐버리기도 합니다.

속이 쓰린 느낌은 통증의 일종입니다. 위 점막에 상처가 생겼기 때문에 아픈 겁니다. 어느 정도 시간이 지나면 잠시 좋아질 수는 있지만, 다시 속이 쓰리는 증상이 반복될 겁니다. 그런데 위 점막의 상처

정도와 속 쓰림이라고 느껴지는 정도는 사람마다 차이가 매우 큽니다. 참지 못할 정도가 되어야 병원에 가는 것보다는 평소에 느끼지 못한 증상이 반복해서 생긴다면 다니던 산부인과나 가까운 병원에 가서 진찰을 받아보는 게 좋습니다.

속 쓰림, 어떻게 막을 수 있을까?

제산제의 종류는 다양합니다. 성분과 용량에 따라 약국에서 바로 구매할 수 있는 약도 있고, 처방받아야 하는 약도 있습니다.

제산제는 위산 중화제와 위산 분비 억제제로 분류할 수 있습니다. 위산 중화제는 짜서 먹는 형태로 위산을 중화시켜 위 점막의 손상을 막아 증상을 빠르게 해소해 줍니다. 약국에서 바로 구매할 수 있는 일반의약품이라 급할 때 바로 복용할 수 있죠. 안전한 성분이므로 안심하고 드셔도 됩니다. 하지만 약효 지속 시간이 짧다는 단점이 있고, 철분제의 흡수를 방해할 수 있어 2시간 이상 간격을 두고 드시는 게 좋습니다.

대표적인 위산 분비 억제제로는 '히스타민-2 수용체 차단제', '프로톤 펌프 억제제'가 있습니다. 시메티딘, 파모티딘과 같이 '-티딘'으로 끝나는 약이 '히스타민-2 수용체 차단제'이고, '프로톤 펌프 억제제'는 오메프라졸, 판토프라졸과 같이 '-프라졸'로 끝납니다. 둘 다 임신 중 사용 가능하며 증상의 양상에 따라 처방받아 복용하시면 됩니다.

약이 아무리 안전하다고 해도 증상이 생기기 전에 미리 예방하는 게 훨씬 중요하겠죠. 우선 기름지고 자극적인 음식을 최대한 피하세요. 입덧 중엔 자극적인 음식이 당길 때가 많습니다. 하지만 떡볶이, 닭발, 라면 등의 맵고 짠 음식은 잠시 먹지 않는 게 좋습니다. 자극적인 음식이 위산을 과다 분비하게 만들어 안 그래도 비어 있는 위 점막을 자극합니다.

맵고 짠 음식뿐만 아니라 신맛이 강한 과일도 빈속에 드시지 않는 게 좋습니다. 과일에 있는 산 성분을 반복적으로 먹으면 위 점막이 손상되어 여러 위 질환 발병 위험성이 커지기 때문이죠. 또한 식사 후 바로 눕는 습관은 역류성 식도염을 일으킵니다. 임신 중 누워 지내는 시간이 많은 분은 신물이 올라와 고생하기도 합니다. 식사한 뒤 2~3시간 정도는 지나고 누워야 합니다.

탄산수나 탄산음료 역시 마찬가지입니다. 속이 좋지 않을 때 탄산음료를 찾게 된다고 말씀하시는 분들이 많습니다. 마실 때의 청량감으로 그 순간은 시원하겠지만 위 속에 가스가 차서 소화를 방해하고 위산의 역류가 심해질 수 있습니다.

이미 잘 알고 계시는, 혹은 당연하다고 생각하는 식상한 내용일 수 있겠지만 실제로는 지키기 어려운 것들입니다. 심지어 임신하면 환경이 변하고 몸에도 변화가 생기니 놓치기 쉬운 부분이죠. 이번 기회에 생활 습관을 다시 한번 되돌아보세요. 교정이 필요한 부분은 노력해보고 그래도 호전이 없다면 약을 복용해 증상을 조절하셨으면 좋겠습니다.

임신 초기,
가장 두려운 출혈

핵심 미리보기!

임신부 네 명 중 한 명가량이 임신 초기에 출혈을 경험할 정도로 매우 흔합니다. 모든 출혈이 유산과 연관 있는 건 아닙니다.

임신 중 가장 두려운 건 아마도 출혈일 겁니다. 임신 전 기간에 걸쳐서 출혈이 생길 수 있고 출혈 때문에 새벽에 응급실이나 분만실로 급하게 오는 분들이 정말 많죠. 분만실 당직을 설 때 분만 관련 산모보다 출혈이 생겨 오시는 분이 더 많을 때도 있습니다. 동전만 한 크기의 출혈부터 속옷이 다 젖을 정도의 출혈, 갈색부터 선홍색까지 다양한 출혈 양상으로 진료를 보러 오십니다.

임신 초기, 출혈이 생기는 이유

임신 초기에 출혈이 생기면 10퍼센트 정도에서 자연 유산이 된다고 알려져 있습니다. 하지만 출혈의 원인은 다양하고 원인에 따라 예후가 달라집니다.

　유산과 관련이 적은 출혈도 있습니다. 임신 전엔 증상이 없어 몰랐지만 임신 후 호르몬 변화로 용종이 커지거나 약해져서 출혈이 생기기도 합니다. 또한 호르몬 변화가 자궁 경부를 부드럽게 만들어 조금 오래 걷기만 해도 자궁 경부에서 출혈이 생기는 분들이 있습니다. 자궁 경부암 검진에서 정상이었다면 걱정하지 않으셔도 됩니다. 용종이나 경부에서 생긴 출혈은 자궁 안쪽에서 나온 게 아니기 때문에 유산과 관련이 거의 없습니다. 임신으로 심해진 치핵(치질)을 질 출혈로 착각할 수도 있습니다.

　또한 응고 장애가 있거나, 반복 유산 등의 치료를 목적으로 아스피린 같은 항응고 치료를 받는 중이라면 질 출혈이 반복되기도 합니다. 만약 출혈이 지속된다면 항응고제를 계속 복용해야 할지 주치의 선생님과 상의가 필요합니다. 특별한 이유 없이 출혈이 지속된다면 응고 장애가 있는지 혈액 검사를 해 봐야 합니다.

　출혈량이 많고 복통이 동반되었다면 유산이 될 가능성이 커집니다. '출혈량이 많다'의 기준이 정확히 정해져 있지는 않지만, 평소 생리 양보다 많다면 확인이 필요합니다.

산부인과에서 자주 듣는 출혈 질문

　임신부 네 명 중 한 명가량이 임신 초기에 출혈을 경험할 정도로 매우 흔합니다. 며칠 나타나다가 사라지기도 하고 몇 주간 혹은 임신 중기까지 지속되기도 합니다. 피가 나는데 아랫배 불편감, 생리통과 비숫한 쥐어짜는 느낌, 허리 통증까지 동반되면 더 걱정스럽죠. 하지만 대부분은 아무 문제를 일으키지 않고 저절로 좋아질 테니 크게 걱정하지 않으셨으면 좋겠습니다.

다음에 나오는 내용은 임신 초기에 생긴 출혈에 대해 진료실에서 가장 많이 받는 질문들입니다.

① 절박 유산은 무엇일까?

임신 20주 이전에 질 출혈이 생긴 경우 '절박 유산'이라고 진단합니다. 그래서 간혹 출혈 때문에 진단서를 발급할 때 진단명에 "절박 유산"이라고 작성합니다. 서류에 적힌 진단명을 보고 본인이 유산이 되었는지 걱정스럽게 물어보시는 분들이 계십니다. 유산이라는 단어가 들어가서 그렇지, 실제 유산이 되었다는 뜻은 아닙니다. 출혈이 생겼으니 주의깊게 살펴보자는 뜻으로 이해하시면 됩니다.

② 착상혈은 무엇일까?

착상혈은 배아가 자궁 내막에 착상하면서 소량의 출혈이 생기는 것으로 복부 불편감 같은 증상이 동반되기도 하지만 유산과 연관이 없기 때문에 걱정하실 필요가 없습니다.

착상될 때 나오는 출혈이므로 배란 후 2주, 즉 임신 4주 정도에 증상이 나타나는데 시기가 생리 주기와 비슷해 간혹 착상혈을 생리라고 착각하는 분들도 있습니다. 임신 4주에는 소변 임신 테스트기는 두 줄이 나올 수 있지만 초음파로 임신 여부를 확인할 수는 없습니다. 임신 여부를 확인하기 위해서는 임신 5주 이후에 병원에 방문하시는 게 좋습니다.

③ 출혈이 생기면 치료를 할 수 있을까?

자궁 경부에서 생긴 출혈이나 용종에서 피가 나는 경우 출혈 부위를 지혈합니다. 많이 걷거나 신체적으로 무리를 했을 때 용종이나 자궁 경부 출혈이 재발할 수 있어 이럴 때는 조금 쉬면 출혈을 줄일 수 있습니다. 지혈할 때 '알보칠'을 흔하게 사용하고 효과도 좋은 편입니다. 다만 지혈 후 종이 찌꺼기 같은 것이 분비물에 섞여 나올 수 있습니다. 뿌리가 깊지 않다면 제거할 수 있으나, 임신 중 용종을 제거하면 더 심한 출혈이 생기거나 간혹 조기 진통처럼 아랫배가 아플 수가 있어 제거보다는 지혈로 해결하려고 노력합니다.

용종처럼 지혈이 가능한 경우가 아니라면 출혈을 멈추게 하는 치료는 없습니다. '유산 방지 주사'라고 불리는 프로게스테론 성분의 약이 있지만 주사를 맞아도 출혈이 멈추지는 않습니다. 그리고 만약 유산으로 이어지는 출혈이라면, 즉 유산이 진행되고 있는 상황은 어떠한 치료를 해도 막을 수 없습니다. 하지만 유산으로 이어지는 게 아니라면 대부분 아무 처치나 치료를 하지 않아도 출혈은 저절로 멈추고 아기도 건강하게 잘 자랍니다.

④ 아기는 잘 있을까?

임신 초기에 출혈을 겪으면 가장 먼저 걱정되는 점이 '배 속에 아기는 괜찮을까?'일 겁니다. 임신 중기가 넘어가면 아기도 많이 커서 병원에 가지 않더라도 태동으로 아기가 잘 있는지 알 수 있지만, 임신 초기에는 초음파를 봐야 아기가 잘 있는지 확인이 가능하기 때문에 더욱 불안합니다.

출혈이 생기기 전에 태아의 심박수를 확인했는지가 가장 중요합니다. 이전 진료 시간에 심장 박동 소리를 듣고 왔는데 출혈이 생겼다면 크게 걱정하지 않으셔도 됩니다. 출혈이 생기고 진료를 보러 가서 아기의 심장이 잘 뛰는 걸 확인했다면 역시 어느 정도 안심하셔도 좋습니다.

하지만 아직 심장 박동을 확인하기 전의 주수라면, 즉 임신 6주가 아직 되지 않았는데 출혈이 생겼다면 심장 박동이 있고 나서 생긴 출혈보다 유산의 가능성이 높습니다. 그래도 여전히 출혈이 저절로 멈추고 아기도 정상적으로 잘 자라게 될 가능성이 더 높습니다.

⑤ 피가 나면 언제 병원에 가야 할까?

밤에 자다가 일어나 화장실에 갔는데 속옷에 피가 묻어 있다면 응급실이나 분만실로 가야 할지 걱정스럽죠. 평소 생리 양이 많을 때 정도로 출혈이 많고, 진통제로도 호전되지 않는 복통이 동반되었다면 새벽이라도 병원에 방문하는 게 좋습니다. 특히 아직 아기집을 확인하지 못했다면 자궁 외 임신의 가능성도 있어 병원에 반드시 가야 합니다.

하지만 이미 아기집도 확인했고 속옷에 묻는 정도나 동전 크기 정도의 출혈이고 못 참을 정도는 아니고 불편하게 느껴질 정도의 통증이라면, 원래 예약되어 있던 진료 때 병원에 가도 충분합니다.

가장 중요한 건 꼭두새벽에 응급실로 가더라도 자궁 경부나 용종에서 나오는 출혈이 아닌 경우에는 출혈을 막을 방법이 없다는 사실입니다. 유산으로 진행되지 않는 출혈이라면 대부분 저절로 좋아지고 태아에게 아무런 영향이 없습니다. 하지만 유산으로 진행되는 출혈이라면 유산을 막을 수 있는 치료 방법이 없습니다.

만약 새벽에 일어나 아기가 잘 있을지 걱정되는 마음에 다시 잠을 잘 수가 없고, 다음날 일상생활에 지장이 갈 정도라면 병원에 가서 초음파로 아기가 잘 있다는 사실을 확인하는 것도 좋습니다. 그 자체만으로도 의미가 있을 수 있으니까요.

⑥ 피가 갈색으로 나오면 나쁜 피일까?

피 색깔은 유산 가능성과는 아무 연관이 없습니다. 피가 갈색으로 나오면 지저분한 피가 나온 게 아닌지 질문하시는 분도 계십니다. 임신 중이 아니더라도 질 출혈이 갈색이면 노폐물이 나온 거라는 속설도 있죠.

하지만 근거가 없는 이야기입니다. 오히려 임신 중 갈색 출혈은 선홍색 출혈보다 괜찮다고 생각합니다. 혈액의 적혈구가 철을 함유하고 있어 피가 빨갛게 보이는데, 철은 산화되면서 갈색으로 변합니다. 질의 안쪽은 약산성을 띠고 있어 철이 산화되어 혈액이 갈색으로 변하게 되죠. 즉, 갈색 피가 나왔다는 이야기는 출혈량이 많지 않아 혈액이 전부 갈색으로 산화될 시간이 충분할 정도로 질 안쪽에서 머물렀다가 나왔다고 볼 수 있습니다. 그러니 출혈이 갈색으로 라이너나 속옷에 묻을 정도로 적게 나왔다면 너무 걱정하지 말고 예정된 외래에 가서도 충분합니다.

⑦ 피고임에 대한 오해와 진실

출혈이 없더라도 초음파에서 보이는 '피고임'으로 마음고생하시는 분들이 많습니다. 피고임은 무엇일까요? 아래 그림을 참고하여 살펴봅시다. 초음파에서 아기를 싸고 있는 융모막과 자궁 사이에 피가 고여 있으면, '융모막 하 혈종'이 있다고 하고 이것을 흔히 피고임이라고 부릅니다.

태아가 자궁 내막에 착상하면서 태반을 만들고 이때 많은 혈관을

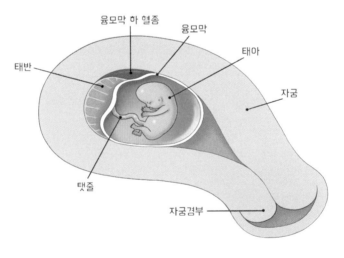

피고임 예시

생성하는데, 이 혈관 중 약한 혈관에서 혈액이 조금 새어 나와 피고임을 만들고 전체 임신 중 절반까지 발견될 정도로 흔합니다.

간혹 태반의 혈류를 방해할 정도로 크기가 너무 커서 문제가 되기도 하지만 임신에 영향을 주는 경우는 드뭅니다. 피고임이 있다고 무조건 출혈이 동반되는 것도 아닙니다. 대부분 저절로 흡수되어 좋아지니 걱정하지 않으셔도 됩니다.

참고로 저는 초음파에서 피고임이 보이더라도 다음에 확인하기 위해 기록은 하지만, 괜한 걱정을 덜어드리기 위해 산모와 보호자께 말씀드리지 않을 때가 많습니다. 다음 진료 때 작아지거나 저절로 사라지는 경우가 많기 때문입니다.

임신 초기에 받아야 하는
중요한 검사들

핵심 미리보기!

임신 초기에는 별다른 증상이 없어도 2주 간격으로 산부인과를 방문합니다. 주수별로 초음파 검사, 출산 예정일, 태아의 염색체 이상 검사를 해야 하죠.

임신 초기는 임신 14주까지를 의미합니다. 임신 초기에는 진료 간격이 그때그때 달라지기도 합니다. 남들은 매주 병원에 가는데 나는 왜 2주 뒤에 보자고 하는지 걱정할 필요 없습니다. 임신 중기 이후부터는 정기 진료 주기가 어느 정도 정해져 있지만, 임신 초기에는 상태에 따라 2주 혹은 4주 간격으로 진료하기도 합니다. 별문제가 없으니 2~4주 뒤에 봐도 괜찮겠다고 주치의가 판단했을 겁니다. 너무 걱정하지 마세요.

반면에 병원에 너무 자주 가야 해서 불편하신 분도 있을 겁니다. 전체 자연 유산의 80퍼센트가 임신 초기에 발생하므로 만약 진료가 꼭 필요한 경우라면 1~2주 간격으로 병원에 가야 하죠.

이 시기에는 놓치지 말아야 할 중요한 검사가 있습니다. 임신 초기에 시행하는 중요한 검사와 그 의미에 관해 이야기하겠습니다.

5~8주, '초음파 검사'를 받아야 할 때

우선 가장 중요한 임신 여부를 확인하는 5~8주입니다. 임신이라고 진단하려면 초음파로 자궁 안에 아기집이 착상한 모습을 확인해야 합니다. 소변 검사나 혈액 검사만으로는 정상 임신을 확인할 수 없습니다. 아기집이 보여야 하는데 자궁 안에서 확인되지 않는다면 산부인과 의사는 긴장합니다. '자궁 외 임신' 가능성이 있기 때문입니다.

자궁 외 임신이란 자궁 이외 다른 곳에 아기집이 착상한 경우로 나팔관에서 가장 많이 발견됩니다. 나팔관에 아기집이 착상하면 제대로 자라지 못해 시간이 지나면서 혈관이 터져 많은 양의 혈액이 복강 안에 고이는 '혈복강'이 발생할 수 있습니다. 자궁 외 임신은 전체 임신의 1~2퍼센트 정도로 정상 임신과 비교하면 확률이 매우 낮지만, 산부인과에서는 매우 흔한 응급 질환 중 하나입니다.

다행히 자궁 내막에 착상이 된 모습을 확인하면 자궁 외 임신은 배제할 수 있습니다. 정상 임신을 확인하신 분은 자궁 외 임신에 대해서 신경쓰지 않으셔도 됩니다.

임신을 확인한 시기에 따라서 아기집만 보일 때도 있고, 난황이나 태아가 같이 보일 수도 있습니다. 마지막 생리 시작일 기준으로 임신 7주 정도 되었으니 심장 소리를 들을 것으로 기대했는데 아기집만 보여서 문제가 있지는 않은지 걱정하는 분도 있습니다. 임신을 확인한 날 초음파를 한 번 본 것만으로는 임신이 잘 진행하는지 알기는 어렵습니다. 그래서 보통 1~2주 뒤에 초음파를 보고 임신이 정상적으로 진행하는지 확인합니다. 만약 임신 확인을 한 병원과 그다음에 방문한 병원이 다르다면, 처음에 찍은 초음파 사진을 보여드리면 정확한 진료에 도움이 됩니다.

이후 자궁 안에 정상적으로 착상된 모습을 확인하면 '임신 확인서'를 발급받을 수 있습니다. 정식 명칭은 '건강보험 임신·출산 진료비 지급 신청서'입니다. 정부지원금 신청이나 직장에 임신에 대한 서류 제출을 위해서는 임신 확인서가 필요합니다.

간혹 임신 테스트기나 혈액 검사만으로 임신 확인서 발급을 요구하시는 분이 있습니다. 임신 확인서는 초음파 확인이 반드시 필요합니다. 그리고 임신 확인서에 작성되어 있는 분만 예정일은 이 시기에 작성하는 경우가 많아 마지막 생리 시작일 기준으로 계산하는데, 이는 나중에 변경될 수 있습니다. 변경되더라도 문제가 될 것은 없으니 걱정하지 않아도 됩니다.

8~10주, '출산 예정일'을 확인해야 할 때

임신 8~10주가 되면 정확한 임신 주수와 출산 예정일을 확인합니다. 평소 생리가 불규칙하다면 정확한 임신 주수를 계산하기가 어렵고, 평소 생리가 규칙적이었더라도 이번 생기 주기에 배란이 평소랑 다른 날에 되었을 가능성도 있습니다. 그래서 이 시기의 태아의 크기,

머리 엉덩 길이를 측정해서 정확한 임신 주수와 출산 예정일을 확인합니다. 수정 후 임신 10주 정도까지 태아의 성장 속도는 거의 일정해서 태아의 크기를 측정하면 임신 주수를 알 수 있습니다. 이때 확인한 임신 주수와 출산 예정일은 앞으로 바뀌지 않습니다.

임신 중기 이후 초음파 결과지에 보이는 출산 예정일은 단순히 태아의 체중으로만 계산한 것입니다. 하지만 이는 성장 속도에 따라 달라질 수 있고 초음파로 태아 체중을 측정하는데 오차가 있을 수 있어 검사할 때마다 출산 예정일이 다르게 표시될 수 있습니다.

출산 예정일은 임신 40주 0일이 되는 날로, 임신 주수를 계산하는 데 필요한 날짜입니다. 출산 예정일이라고 그날 출산하는 건 아니고, 꼭 그래야 하는 것도 아닙니다. 기존에 알고 있던 출산 예정일과 크게 다르지 않고 주치의 선생님의 특별한 말이 없었다면 아기도 잘 자라고 있으니 걱정하지 마시고 초음파 결과지에 적힌 숫자는 잊으세요.

정확한 임신 주수를 아는 건 앞으로 앞으로의 임신 과정에 매우 중요합니다. 쿼드 검사(Quad test)나 통합 선별 검사(Integrated test), 순차 선별 검사(Sequential test) 같은 다운증후군 선별 검사를 할 때 실제 임신 주수와 알고 있는 주수의 차이가 크면 검사 결과가 다르게 나올 수 있습니다. 그리고 태아의 성장을 확인할 때 주수별로 태아 무게의 평균과 백분위 수를 참고합니다. 예를 들어 실제로는 임신 30주 차인데 32주로 알고 있다면 태아가 성장 지연이 있다는 결과가 나올 수도 있습니다.

10~12주, '태아의 염색체 이상 검사'를 받아야 한다

임신 10~12주에는 태아의 '목덜미 투명대 두께'를 측정합니다. 목덜미 투명대 두께는 태아의 염색체 수 이상을 확인하기 위한 검사로 추후 시행할 통합 선별 검사나 순차 선별 검사에 합산하여 계산합니다. 목덜미 투명대 두께 검사는 정확도가 높은 검사입니다. 만약 3밀리미터가 넘으면 다운증후군과 같은 염색체 수 이상을 의심하여 '융모막 융모 생검'이나 '양수 검사'를 통해 태아의 염색체를 직접 확인해야 할 수 있습니다.

목덜미 투명대 두께는 매우 중요한 검사이고 단위가 0.1이나 0.01밀리미터로 매우 민감합니다. 정확한 검사를 위해서 태아의 자세가 굉장히 중요한데, 태아가 엄마 배를 향해 누워 있으면서 코랑 턱도 잘 보이고 고개를 숙이거나 뒤로 젖히면 안 되는 등 조건이 굉장히 까다롭습니다.

아기가 잘 도와준다면 3분도 지나지 않아 검사가 끝나지만, 자세가 좋지 않으면 병원 복도를 걸어 다니고 달달한 것도 먹으면서 3~4번씩 검사해도 결과를 확인하지 못할 수도 있습니다. 검사를 하는 사람도 지치지만 임신부도 지쳐서 대충 검사해달라고 할 때도 있죠. 하지만 0.1밀리미터의 차이로 하지 않아도 될 융모막 융모 생검이나 양수 검사를 해야 할 수도 있으니 까다로운 조건을 최대한 지켜 주세요.

3장

"아기가 잘 자라고
있는지 궁금해요"

유산에 대한 걱정과 현실

> **핵심 미리보기!**
>
> 유산은 절대 엄마의 잘못이 아닙니다. 자연 유산의 절반 이상은 원인을 알 수 없습니다.

유산 소식을 전하는 일은 가장 힘들고 어려운 순간입니다. 다른 사람은 임신부의 심정을 비슷하게라도 이해할 수 없을 거예요. 상담을 하다 보면 유산으로 인한 후유증 중 심리적인 상처가 큰 부분을 차지합니다. '음식이나 약을 잘못 먹어서', '신체적으로 무리해서'와 같이 본인이 무언가 잘못해서 유산이 되었다고 자책하며 힘들어하는 분이 상당수입니다. 안 그래도 힘든데 주위에서 이런 자책을 부추기는 말들을 해서 더 고통스러워하는 경우도 있습니다.

유산의 종류와 특징

유산은 임신 20주 이전에 태아가 사망한 경우로 정의합니다. 전체 유산 중 80퍼센트 이상은 임신 12주 이전, 임신 초기에 발생합니다. 자연 유산은 모든 임신 중 15퍼센트 정도에서 생기고, 전체 가임기 여성 4명 중 1명은 경험할 정도로 꽤 흔합니다.

유산의 분류 중에 '계류 유산'이 가장 흔한 형태입니다. 아무런 증상이 없다가 배아가 정상 발달을 멈추거나, 심장이 뛰다가 멈추는 걸 정기 진료 때 발견하는 경우가 계류 유산에 해당됩니다. 계류 유산을 발견하는 의사도 당황스럽지만 얼마나 잘 크고 있을지 기대하며 왔을 임신부와 보호자는 많이 놀라고 받아들이기 어려워합니다.

출혈과 복통을 동반한 유산을 '완전 유산' 혹은 '불완전 유산'이라고 합니다. 태아와 태반과 같은 조직이 자궁 안에 남아 있으면 불완전 유산, 모든 조직이 배출되면 완전 유산으로 분류합니다. 불완전 유산은 추가적인 치료나 처치가 필요할 수 있지만 완전 유산의 경우는 치료 없이 다음 임신을 기다리면 됩니다.

배아가 자궁 내막이 아닌 다른 곳에 착상된 자궁 외 임신도 유산의 한 종류입니다. 자궁 외 임신은 흔하지 않지만, 제때 치료를 하지 않으면 과다 출혈로 임신부의 생명이 위독할 수 있습니다. 치료 방법으로는 수술이나 약물 치료가 있습니다. 자궁 안에 배아가 착상이 된 사실을 확인했다면 자궁 외 임신은 걱정하지 않으셔도 됩니다.

유산은 엄마의 잘못이 아니다

유산은 정말 임신부의 잘못일까요? 유산은 왜 생기는 걸까요? 자연 유산의 절반 이상은 원인을 알 수 없습니다. 원인을 아는 경우의 대부분은 태아의 염색체 수 이상 때문입니다. 임신부에게 갑상선 기능 이상이 있거나 혈당이 조절되지 않는 당뇨가 있거나 심한 스트레스, 비만 혹은 저체중, 술이나 담배에 노출되거나 하루에 카페인을 하루 500밀리그램 이상 먹는 경우 유산이 생기기도 합니다.

지금부터 유산의 원인과 관련된 오해와 진실을 하나씩 알아보겠습니다.

① 염색체 수 이상

태아는 부모에게 염색체를 23개씩 받아 46개의 염색체를 갖게 됩니다. 같은 크기의 두 개씩을 묶어 총 23쌍으로 분류하고, 이 중 한 쌍의 염색체가 두 개가 아닌 하나나 세 개인 경우를 염색체 수 이상이 있다고 합니다.

대표적인 유전 질환인 다운증후군은 21번 염색체가 세 개이고, 터너증후군은 성염색체가 X염색체로 하나입니다. 염색체 수 이상이 있는 태아의 대부분은 유산이 되는데, 간혹 장애를 갖고 태어나는 아이들이 있어 임신 중에 태아의 염색체 수 이상 여부를 검사합니다.

다음에 나오는 표를 참고해 볼까요? 여성의 나이 35세를 기점으로 난자의 염색체 수 이상의 위험도가 증가합니다. 40세에는 106명 중 한 명은 다운증후군 아이를 임신하고 염색체 이상의 위험도가 증가하니 자연 유산 확률도 같이 높아집니다. 이런 숫자들을 보면 대단히 큰 확률인 것 같아 지레 겁부터 먹을 수 있습니다. 하지만 반대로 생각해 보

여성의 연령(세)	자연 유산 확률(%)
15~19	9.9
20~24	9.5
25~29	10.0
30~34	11.7
35~39	17.7
40~44	38.8
45 이상	53.2

여성의 연령 증가에 따른 유산 위험도

출처: 대한생식의학회

여성의 연령(세)	다운증후군의 위험도	염색체 이상의 위험도
20	1/1,667	1/526
25	1/1,250	1/476
30	1/952	1/385
35	1/378	1/192
40	1/106	1/66
41	1/82	1/53
42	1/63	1/42
43	1/49	1/33
44	1/38	1/26
45	1/30	1/21

여성의 연령에 의한 염색체 이상의 위험도

출처: 대한생식의학회

면 35세 여성 192명 중 191명(99.48퍼센트)은 염색체 이상이 없는 건강한 아기를 만날 수 있습니다.

② 자가 면역 질환

자가 면역 질환이 유산의 원인이 되기도 합니다. 임신부에게 태아는 본인 몸의 일부가 아닌 외부 물질입니다. 면역체계는 외부 물질을 제거하거나 몸 밖으로 배출하려는 노력을 합니다. 그래서 임신을 유지하려면 몸의 면역력을 떨어뜨려야 합니다. 임신 전부터 자가 면역 질환이 있던 분은 면역 체계 조절이 잘 되지 않아 태아를 계속해서 공격해 임신에 실패하는 경우가 많습니다. '항인지질 항체 증후군'이 자연 유산과 연관이 있는 자가 면역 질환으로 습관성 유산의 대표적인 원인입니다.

③ 유산의 원인은 여자에게만 있다?

남성의 경우 한 번 사정 후 3일 정도가 지나면 정자가 생성됩니다. 건강한 남성은 하루에 1억 마리 정도씩 정자를 만들 수 있습니다. 짧은 시간에 대량 생산을 하다 보니 정상적인 기능을 가진 정자보다는 모양이 이상하고 기능이 떨어지는 정자가 훨씬 많습니다.

그렇지만 성공적인 임신을 위해서는 건강한 정자 한 마리만 있으면 됩니다. 기능이 떨어지는 정자는 나팔관까지 도달하지 못하므로 난자를 만나러 가는 길 자체가 건강한 정자를 고르기 위한 과정입니다. 이상이 있는 정자가 많더라도 건강한 정자 한 마리만 살아남는다면 임신에 성공하죠. 이러한 이유로 염색체 수 이상은 정자보다 난자에게 원인이 많습니다.

여자의 나이가 늘어가면서 난임도 증가하고 유산도 많이 하는 건 맞지만, 이것을 여성 개인의 탓으로 돌리면 안 된다고 생각합니다. 결혼 연령과 여성의 임신 나이가 높아지는 상황은 분명히 사회 분위기의 영향도 있기 때문입니다. 그래서 저는 결혼의 문턱을 낮추고 아이 키우기 좋은 세상으로 만들어 가는 노력이 출산율뿐만 아니라, 고위험 임신부와 유산과 같은 문제를 근본적으로 해결할 수 있다고 생각합니다.

④ 입덧이 멈추면 유산일까?

어느 새벽에 부부가 "입덧이 갑자기 사라져서 걱정이에요"라며 걱정 가득한 표정으로 분만실로 왔습니다. 잠들기 직전까지 입덧이 있었는데 자다 깨서 보니 입덧 증상이 사라지고 개운해져서 왔다는 겁니다. 입덧이 사라지면 좋은 건데 왜 분만실로 찾아온 건지 처음엔 이해가 잘 되지 않았습니다. 알고 보니 입덧이 갑자기 사라지면 유산 가능성이 있다는 소문을 듣고 오신 것이었습니다.

하지만 입덧의 정도와 유산은 아무런 연관이 없습니다. 입덧은 굉장히 주관적으로 하루에도 몇 번씩 증상이 심해지거나 완화되고, 저절로 좋아지는 경우가 많습니다. 입덧이 사라지고 유산을 확인했다는 이야기는 우연의 일치로 일어난 일입니다. 그러니 입덧이 사라졌다고 너무 걱정하지 마세요.

유산은 예방이
가장 중요하다

↓

핵심 미리보기!

유산은 막을 수 있는 방법이 없습니다. 유산이 되었다면 상황에 맞는 적절한
치료를 받으시고, 예방에 힘써 주세요.

유산 후 앞으로 어떻게 치료를 해야 할지도 고민일 수 있습니다. 완전 유산이 되어 자궁 내막에 남아 있는 게 없다면 아무런 치료가 필요 없지만, 계류 유산이나 불완전 유산은 치료가 필요할 때가 있습니다. 유산 치료는 크게 세 가지로 나눌 수 있습니다. 자연 배출이 될 때까지 기다리는 방법, 약물로 배출을 유도하는 방법, 마지막으로 '소파술'을 시행하는 방법입니다.

유산 치료의 세 가지 방법

아무것도 하지 않아도 2개월 정도가 지나면 80퍼센트 정도에서는 자연 배출이 됩니다. 자연 배출은 태아와 관련된 조직이 출혈과 함께

배출되는 현상을 말합니다. 약물 치료는 보통 '미소프로스톨'이라는 약으로 치료합니다. 기다리는 방법보다 시간을 단축시키는 효과가 있습니다. 대신 발열, 오심, 구토, 복통 등의 약의 부작용으로 힘들어하시는 분도 많죠.

자연 배출과 약물 치료의 장점은 수술 없이 치료를 종료하여 수술의 부작용을 겪지 않아도 된다는 점입니다. 하지만 약물 치료를 하더라도 언제 배출될지 모르고 배출되어도 자궁 내막에 태반이나 태아가 남아 있어 결국 수술을 받아야 하는 경우가 있다는 단점이 있습니다. 난임 치료 중이거나 35세가 넘어서 임신을 준비 중인 분이라면 배출될 때까지 기다리는 게 힘들 수도 있습니다.

소파술은 자궁 경부를 통해 자궁 내막 조직을 제거하는 시술을 의미합니다. 수면 마취를 한 뒤 시행하고, 입원하지 않고 외래에서 치료할 수 있습니다. 치료가 빠르게 된다는 장점이 있지만 자궁 내막에 유착이 생겨 다음 임신에 영향을 줄 수도 있어 소파술을 고민하는 분들이 많습니다.

이런 치료 방법들에 대해 각각의 장단점을 설명해드리고 배우자와 함께 상의한 뒤 치료 방향을 결정합니다. 계류 유산이라면 증상이 없어서 자연적으로 배출될 때까지 기다릴 수 있습니다. 하지만 불완전 유산은 출혈이 많고 복통도 동반되기 때문에 진단되면 최대한 빠른 시일 내에 소파술을 시행합니다.

유산의 치료 방법은 현재 유산 진행 상황에 따라, 환자의 선호도와

처해진 상황에 따라 결정하는 것이지 어떤 게 더 좋은 치료 방법이라고 단정 지을 수 없습니다. 반드시 주치의 선생님과 상의한 뒤 결정하시기 바랍니다.

어떠한 방법으로든 치료가 완료되어 자궁 내막이 깨끗해졌다면 그 다음 배란될 때부터 언제든지 다시 임신을 해도 됩니다. 의학적으로는 언제든 가능하지만 가장 중요한 건 '임신을 할 마음의 준비가 되었는지'입니다.

유산을 예방할 수 있는 방법

유산으로 인해 심리적으로 힘들고 괴롭다면 다음 달에 바로 임신이 되어도 오히려 임신 과정에 나쁜 영향을 줄 수 있습니다. 마음의 상처가 회복되기 전이라면 또 유산이 되면 어쩌나 하는 걱정이 생기죠.

저는 임신부 당사자뿐만이 아니라 배우자 역시 준비가 되어야 한다고 생각합니다. 유산의 트라우마로 임신부를 침대에서 움직이지도 못하게 하거나 행동이나 주위에 모든 환경을 유산과 연결시켜 임신부에게 필요 없는 스트레스를 줄 수 있습니다. 유산은 물론 힘들고 고통럽지만 누구의 잘못도 아닙니다. 아픈 아이가 나오지 않도록 인류가 진화해 온 결과죠. 건강한 아이를 만나기 위한 과정이라고 생각하시면 좋겠습니다.

그래도 유산을 하지 않는 게 예비 엄마나 아이 모두에게 가장 좋겠죠. 그렇다면 유산을 예방할 수 있는 방법은 없을까요? 사실 유산의 확률을 조금이라도 줄일 수 있는 방법은 정말 쉽고 누구나 알고 있습니다. 그 방법은 다음과 같이 정리할 수 있습니다.

- 건강한 식습관과 운동: 임신 전부터 비만이나 저체중이 아닌 정상 체중을 유지하기
- 금연과 금주: 아내뿐만 아니라 남편도 반드시 금연하기
- 적절한 카페인 섭취: 하루 200밀리그램을 넘지 않기
- 스트레스 조절: 운동이나 산책, 그림 그리기, 악기 배우기 등 자신만의 건강한 취미 생활 가지기
- 주변 사람들의 노력: 남편 포함 주위 가족들의 배려

너무 많이 들어서 뻔한 내용이라고 생각하셨죠? 건강을 유지하기 위해서 기본이 되는 내용이고, 평생 본능과 싸워야 하는 식상하지만 가장 지키기 어려운 것들입니다. 건강에는 기발하고 쉬운 방법이 없습니다. 이 방법만 잘 지키면 유산 예방뿐만 아니라 임신 중에 생기는 합병증과 각종 성인병, 암 예방도 가능합니다. 저도 항상 어렵지만 건강한 부모가 되기 위해 노력하고 있습니다.

유산을 예방하는 특정 음식, 약물, 영양제는 없습니다. '뭘 먹으니 유산이 안 된다'라며 누군가 유산을 예방하는 제품을 광고한다면, 그것은 허위 광고가 분명하고 불안한 심리를 이용하는 몹시 나쁜 마케팅 방법입니다.

초기 임신의 자연 유산 대부분이 태아의 염색체 이상으로 생기며, 그것은 정자와 난자가 만날 때 결정되기 때문에 임신이 된 후에는 어떤 방법을 써도 진행되는 유산을 막을 수는 없습니다. 설사 막는 방법이 있어서 유산을 막을 수 있어도, 염색체 이상이 있는 아이가 태어날 가능성이 높습니다. 그러니 유산에 대한 죄책감이나 걱정은 하지 않으셨으면 좋겠습니다.

임신 초기 미리보기

절대 안정,
절대 하면 안 된다

핵심 미리보기!

임신 중 안정은 유산이나 조산을 예방하지 못합니다. 오히려 적절한 운동이
엄마와 아이 모두에게 도움이 됩니다.

저는 임신 초기를 안정기라고 부르기를 반대합니다. 엄마가 안정을
취해야 아기에게 위험한 일이 없을 거라고 생각해 안정기라고 부르는
걸까요?

임신 중 안정은 오히려 득보다 실이 많습니다. 전종관 교수님도 한
프로그램에 나와 임신부에게 절대 안정은 오히려 독이 된다고 말씀하
셨습니다. 제가 전공의 시절에도 똑같은 교육을 받았죠. 임신 중 절대
안정이 좋지 않다는 말은 최근에 갑자기 나온 이야기가 아닙니다. 산
부인과 교과서에서도 오래전부터 임신부가 절대 안정을 취하는 건 위
험할 수 있다고 강조했습니다.

침상 안정은 오히려 독이다

우선 침상 안정은 유산이나 조산을 예방하지 못합니다. '침상 안정'
은 신체적인 움직임이 유산이나 조산의 원인으로 보고 그것을 제한한
다는 뜻인데, 신체 활동은 유산이나 조산의 원인이 되지 않습니다. 활
동을 제한해서 얻을 수 있는 이득은 사실상 없고, 실제로 적절한 움직
임이 더 도움이 됩니다.

침상 안정은 임신부의 혈전증을 유발합니다. 정맥에 있는 혈액은
혈관 주변 근육이 수축하는 힘을 이용해 심장으로 되돌아가야 하는
데, 침상 안정으로 신체 활동이 거의 없어지면 혈액 순환이 원활하지
않아 정맥 혈액이 흐르지 못해 '피떡'을 만듭니다. 이러한 피떡을 '혈
전'이라고 부르고, 하지에서 만들어진 혈전은 혈관을 타고 다니다가
심장을 거쳐 폐로 가는 혈관을 막습니다. 이를 '폐색전증'이라고 합니
다. 폐색전증은 사망률이 높은 위중한 질환입니다. 임신 중엔 전보다
혈전증의 위험이 다섯 배 이상 높아지는데, 침상 안정까지 하면 그 위
험은 더욱 증가합니다.

또한 침상 안정은 근육을 소멸시킵니다. 누워 있다 보면 하루에 3퍼
센트 정도씩 근육이 손실된다고 합니다. 임신 중에 활동을 제한해서
근육이 빠지면 관절에 무리가 가고 손상이 생깁니다. 출산 후 3킬로
그램 정도 되는 아기를 수시로 안고 뒤집고 씻겨야 하는데 아기는 점
점 더 무거워집니다. 손목, 허리, 어깨, 무릎 등 각종 관절이 아플 수
밖에 없죠. 아기가 무거워지니까 남자인 저도 힘들 때가 많습니다.

또한 몸에 근육의 양이 줄어들면 인슐린에 대한 반응이 감소해 혈

당을 낮추는 능력이 떨어집니다. 근육 손실이 생기면 관절통뿐만 아니라 당뇨와 같은 성인병에 잘 걸리는 몸이 됩니다.

그리고 우리 몸의 뼈는 중력의 저항을 느껴야 단단해집니다. 우주비행사들이 지구에 복귀하면 바로 걷지 못하고 휠체어에 앉아서 인터뷰하는 장면을 보셨을 겁니다. 무중력 상태에 있는 우주인들은 중력의 저항이 없어 근육량과 골밀도가 감소합니다. 침대에 누워만 있으면 우주에 있는 것처럼 뼈가 무게를 느끼지 못해 약해지고 심하면 골다공증이 생길 수 있습니다. 햇빛이 없는 실내에서 오래 있다 보면 비타민 D 합성을 못해 뼈는 더 약해집니다.

중환자실에서 인공호흡기 치료를 받는 환자도 근육 감소를 최소한으로 하기 위해 재활 치료를 합니다. 근력이 떨어지는 문제는 치명적이고 생명에 직결되며, 중환자실 치료가 끝나고 나서 일상으로 복귀까지 시간이 지체됩니다. 하물며 중환자도 근육 소실을 최소화하기 위해 노력하는데, 임신부라고 예외가 될 수 없습니다.

임신부도 임신을 마지막 목표로 생각하면 안 됩니다. 출산 이후의 건강도 무시할 수 없습니다. 침상 안정은 노화를 가속해 노화로 나타나는 신체 문제가 더 빠른 속도로 일어납니다.

침대에 갇힌 생활은 굉장히 괴로울 겁니다. 실제로 심각한 질병에 걸려 오랫동안 침상 생활을 해야 하는 환자 중 많은 분이 우울증을 경험합니다. 특별히 아픈 곳은 없지만 유산이나 조산의 걱정 때문에 누워 있으면 그 걱정이 눈덩이처럼 불어납니다. 인터넷, 맘카페, SNS를 보는 시간이 길어지면서 근거가 없고 정확하지 않은 정보에 노출되어 머릿속은 더욱 혼란스러워지죠. 산책하면서 햇빛이랑 바람도 쐬고 땀도 적당히 흘려야 걱정도 덜고 기분 전환도 할 수 있습니다. 그런 의미에서 임신 중에도 직장 생활을 계속 이어 나가는 게 정신 건강에 더 도움이 된다고 말씀드리고 싶습니다.

병원에 입원해서 치료 중인 분은 침상 안정이 필요할 수도 있습니다. 그렇지 않다면 침대에 누워 계시지 마시고 일어나서 산책하고 운동하세요. 절대 안정, 절대 하지 마세요.

태교할 시간이 없어서
걱정이라면

핵심 미리보기!

태교 음악, 태교에 좋은 그림, 태교에 좋은 책… 임신 중 엄마가 보고 듣는 것들은 태아에게 전달되지 않습니다. 아이에게 가장 좋은 태교는 특별한 게 아니라 엄마, 아빠와의 교감입니다.

태교는 우리나라에만 있는 독특한 개념입니다. 영어로 번역하기도 어렵죠. 임신 중에 좋은 생각을 하고 좋은 것만 먹고 듣는 게 태어날 아이에게 좋을 거라는 선조들의 생각이었을 겁니다. 태교가 정말 태아에게 필요한 과정일까요?

한때 'EQ나 IQ를 높여 주는 클래식 태교 음악' 같은 방법이 유행했습니다. 평소 즐겨 듣지 않던 클래식 음악을 듣고, 뜨개질을 하고, 영어책을 읽고, 심지어 《수학의 정석》을 풀어야 한다는 괴상한 유행까지 있었죠.

과연 임신 중 보고 듣는 게 태아에게까지 전달될까요? 그렇지 않습니다. 태아와 임신부를 연결하는 탯줄에는 신경이 없습니다. 탯줄을 통해서 산소와 영양분 정도만 공급할 뿐입니다. 신경이 없으니 임신부가 듣는 음악이나 공부 내용이 태아에게 전달되는 건 불가능합니다. 수학 태교가 아기의 수학 능력을 높여 준다는 말은 근거가 없습니다. 아기의 지능, 성향 등은 정자와 난자가 만날 때 어느 정도 정해지고, 학업 성취도는 후천적인 환경이 중요합니다. "이런 태교를 했더니 아이의 학업 성취도가 좋다"라는 일부 사례로 일반화하면 안 됩니다.

배 속의 태아는 소리를 들을 수 있을까?

수영하거나 목욕하다 물속에 머리를 담갔을 때 밖에서 말하는 목소리가 명확하지 않고 작게 들린 적 있나요? 임신 20주가 지나면서 아기의 청각이 발달하지만 태아는 양수 안에 있습니다. 외이와 중이 모두 양수가 차 있어 태어난 뒤 공기의 진동을 감지해서 듣는 소리와는 매우 다를 겁니다.

자궁 외부의 소리는 대부분 양수에서 흡수되어 저음 위주의 주파수만 들립니다. 태아가 아빠의 목소리에 더 반응하는 이유는 남성의 목소리 주파수가 여성보다 낮아서 그렇습니다. 소리가 들리더라도 웅웅거리며 명확하게 들리지 않습니다. 이때 태아는 지금 들리는 이 소리가 어디서 나는 소리이고 누구의 소리인지 구분을 못합니다.

그러니 익숙하지 않고 좋아하지도 않는 클래식을 억지로 들을 필요 없습니다. 이어폰이나 헤드폰으로 듣는 음악은 전달조차 되지 않으니 더더욱 의미가 없겠죠. 아이에게 좋을 것 같은 음악을 찾지 마시고 평소에 즐겨 듣던 음악을 듣는 게 더 좋습니다.

아기에게는 외부에서 발생한 소리보다는 임신부 몸에서 발생하는 소리가 더 크게 들립니다. 임신부의 목소리, 심장 뛰는 소리, 장 움직이는 소리, 배를 어루만지는 소리가 아기가 더 자주 듣는 소리입니다. 특별한 소리가 아니라 가장 가까운 곳에서 나는 엄마아빠의 소리죠.

정말 필요한 태교는 따로 있다

아내가 가수 이적 씨의 열혈 팬인 덕분에 연애 시절부터 거의 모든 곡을 섭렵하고 콘서트도 열심히 다녔습니다. 이적 씨의 공연은 1년에 몇 번 하지 않아 티켓이 열릴 때 바로 들어가 예매해야 좋은 자리에서 볼 수 있습니다. 2017년 겨울 콘서트는 결혼 후 첫 공연이었습니다. 예매에 성공해 기다리고 있었는데, 그 사이에 첫째 임신 사실을 알게 되었습니다.

아무리 발라드 공연이지만 평소 듣던 노래보다 훨씬 큰 소리에 노출되는 게 걱정되어 갈지 말지 고민했지만, 산부인과 지식을 총동원해서 가도 괜찮겠다는 결론을 내렸습니다. 다행히 임신 초기라 아이의 청력이 발달하지 않았고, 양수에 둘러싸여 있으니 노래 소리가 아이에게 다 전달되지 않으리라는 사실을 알았습니다.

처음엔 아내도 걱정했지만 이런 내용을 설명하고 이해하니 안심하며 공연을 온전히 즐길 수 있었고, '둘이 아닌 셋'이서 행복한 시간을 보내고 왔습니다. 첫째 아이가 크고 난 뒤에 공연 때 들었던 노래를 들려주었지만, 기억하는 것 같지 않았습니다. 하지만 엄마의 행복한 숨소리, 심박동과 목소리는 충분히 들었을 겁니다.

태교 자체가 아이에게 해가 되지는 않습니다. 《수학의 정석》을 풀어서 나쁠 건 없죠. 하지만 태교의 좋은 의미가 퇴색되어 임신부에게 부담으로 다가오기 시작하고 그 시간이 괴롭다면 하지 않느니만 못합니다. 태교할 시간이 없어 마치 자신이 나쁜 엄마처럼 느껴지거나 꼭 필요한 것을 못 해주는 것 같다는 불안감이 생길 수 있습니다.

이제는 태교의 정의를 다시 내려야 합니다. 평소 좋아하던 것들을 임신하더라도 그대로 즐길 수 있는 게 진짜 태교가 아닐까 생각합니다. 여기에 더불어 적절한 운동과 영양 섭취로 건강을 지키고 일상을 유지하며 심리적 안정을 갖는다면 더 좋겠죠. "이거 하지 마라", "저거 해라"라며 주위에서 잔소리하지 않고, 서로 눈치 보지 않는 태교 문화가 자리 잡으면 좋겠습니다.

임신 중 질염,
어떻게 치료해야 할까?

핵심 미리보기!

세균에 의한 질염에 걸리면 회색 분비물이 나오고 나쁜 냄새가 납니다. 감염이 의심되면 꼭 병원에 가서 치료해야 합니다.

산부인과를 질염 때문에 방문하는 분들이 가장 많을 겁니다. 겪어 보지 않은 사람이 없을 정도로 흔하고 괴로운 증상이죠. 너무 흔하다 보니 감기처럼 여겨지기도 하지만, 제대로 치료하지 않으면 골반염까지 생길 수 있습니다.

특히 임신 중 질염을 방치하면 양수 내 감염을 일으켜 조산과 태아 성장 장애의 위험이 생길 수 있습니다. 특히 성 매개 질환에 의한 질염은 태아에게 전파될 수 있어 임신 중 성 매개 질환을 진단받았다면 분만 전에 반드시 치료해야 합니다.

임신 중엔 여성 호르몬의 증가와 혈액 순환이 활발해지면서 질 분비물이 늘어납니다. 질 분비물이 많아지면 염증이 생겼다고 오해하기도 하지만, 분비물이 나오면서 세균이나 이물질을 밖으로 배출되기 때문에 오히려 감염을 방지해 주죠. 분비물이 늘어나는 현상은 자연스럽습니다. 하지만 정상적인 분비물이 속옷에 자꾸 묻고 피부가 가렵고 불편해 진료 보러 오시는 분들이 많습니다.

임신 중 질염 치료가 가능한지, 언제 병원에 가서 검사받아 봐야 하는지, 예방 방법 등에 대해 알아보겠습니다.

나쁜 냄새가 나는 분비물은 검사가 필요하다

정상적인 질 분비물은 투명색부터 하얀색, 옅은 선홍색까지 다양합니다. 염증으로 인한 분비물은 색깔이나 모양이 달라지고, 비린내 같은 나쁜 냄새가 나며, 외음부가 가렵거나 따가운 증상을 동반합니다. 세균, 바이러스, 곰팡이, 기생충이 원인균이며 원인균마다 증상이 다르고 여러 균이 동시에 감염되는 경우가 흔해 증상도 다양하게 나타납니다. 감염이 의심되면 이런 원인균을 한 번에 검사하는 방법도 있으니 필요하면 진료를 받아보시는 게 좋습니다.

세균에 의한 질염에 걸리면 회색 분비물이 나오거나 생선 비린내 같은 악취가 동반됩니다. 이런 경우는 검사를 통해 균주를 확인해서 치료해야 하고, 균에 따라 치료 방법이나 항생제 종류가 달라질 수 있습니다.

성 매개 질환이 아닌 일반적인 세균성 질염은 성관계를 통해 전염되지 않습니다. 대부분의 세균성 질염의 원인균은 질 내에 얌전히 사는 공생균입니다. 증상 없이 얌전하던 세균들이 질 환경이 변화하여 과도하게 증식하여 증상이 생기는 경우가 가장 많습니다.

지긋지긋한 가려움을 유발하는 '칸디다 질염'은 곰팡이가 원인균으로 여성의 대부분이 평생 적어도 한 번은 경험할 정도로 흔합니다. 치즈처럼 덩어리진 하얀 분비물이 특징이며 가려움증이 대표적인 증상으로 외음부가 쓰라릴 정도로 심한 분도 있습니다.

약산성을 유지하는 것을 도와주는 일반적인 젖산균 수가 줄거나 질 내 환경이 깨지면 그 틈에 곰팡이가 자라나서 염증을 일으킵니다. 곰팡이는 우리 주위 어디서나 발견되는 흔한 균으로 평상시에는 사람에게 미치는 영향은 없습니다. 성관계로 옮지 않고, 면역력이 떨어지면 감염될 수 있습니다. 칸디다 질염이 임신에 미치는 영향은 없지만 가려움증이 심해 괴롭다면 치료가 필요합니다.

또한 '트리코모나스'라는 기생충에 감염될 수도 있습니다. 트리코모나스 질염은 고름 같은 분비물이 나오고 심한 악취가 납니다. 질 내 산성 환경을 변화시켜 다른 종류의 질염과 동반되는 경우가 흔해 여러 증상이 동반되기도 합니다. 이는 배우자와 함께 치료가 필요한 성 매개 감염증입니다.

질염은 다 성병일까?

질염에 걸리면 마치 성병에 걸린 것처럼 보는 시선이 있어서 병원 가기를 망설이는 분들이 많습니다. 질염의 원인은 다양하고 전부 성 매개 감염은 아닙니다. 질염은 크게 성관계를 통해 전염되는 성 매개 감염과 성관계와 상관없는 질염으로 나눌 수 있습니다. 병원에서 질염의 원인을 찾는 질 분비물 검사를 '성병 검사(STD 검사)'라고 부르다 보니 여기에 포함된 균들이 모두 성병이라는 오해가 더욱 커지는 것 같습니다.

우리 곁에는 항상 세균이 살고 있습니다. 유산균처럼 사람에게 도움을 주는 유익균, 같이 살고 있지만 해롭지도 유익하지도 않은 공생균, 사람에게 해로워 치료가 필요한 유해균으로 분류합니다. 공생균은 평소에는 조용히 살고 있어 아무런 증상이 없지만 면역력이 떨어지거나 유익균이 없어지거나 수가 줄어들면 그 틈에 자라나 염증 같은 증상을 일으킵니다.

질 내에도 유익균인 젖산균이 자리 잡고 공생균이나 유해균이 자라나지 못하게 막아 줍니다. 젖산균은 약한 산성(pH 3.8~4.5)에서 사는데 알칼리 성분 때문에 중화되면 더 이상 살지 못합니다. 그 틈으로 공생균들이 과도하게 증식하여 세균성 질염이나 칸디다 질염이 생깁니다.

질 내 환경을 망가뜨리는 대표적인 범인은 비누, 정액, 질 세정제입니다. 간혹 주사기 등으로 질 안쪽까지 세정하는 분이 있는데, 정말 하지 말아야 할 행동 중 하나입니다. 세정하고 나서 잠깐은 개운하다고 느낄 수 있지만 질 내 세정은 유익한 젖산균까지 다 죽게 만듭니다. 질 세정제를 꼭 사용하고 싶다면 병원에서 처방을 받고, 매일 세정하는 것보다는 점차 간격을 길게 두면서 중단하는 걸 목표로 하는 게 좋습니다.

정액은 알칼리(pH 7.2~8.0)를 띠고 있어 질내사정 후 질 안의 환경이

나빠집니다. 콘돔을 사용하지 않고 성관계를 하면 질염이 잘 생기는 이유가 여기에 있습니다. 균이 전염되어서라기보다 정액으로 젖산균이 죽기 때문입니다. 임신 중 성관계를 하더라도 콘돔을 꼭 착용하길 추천합니다.

아래 표에서 보이는 것처럼 성병 검사 12가지 균 중의 5가지 균은 성 매개 감염균이 아닙니다. 그중 4가지는 공생균으로, 증상이 없다면 치료할 필요도 없고 검사할 필요도 없습니다. 칸디다균은 성관계로 전염되지는 않지만 가려움증 같은 불편한 증상이 동반는 경우가 흔해 치료를 진행합니다.

반면 성 매개 감염을 일으키는 균은 반드시 치료가 필요합니다. '유

공생균	성 매개 X	가드네렐라 바지날리스
		유레아플라즈마 파붐
		마이코플라즈마 호미니스
	성 매개 △	유레아플라즈마 유레아라이티쿰
유해균	성 매개 X	칸디다 알비칸스
	성 매개 O	마이코플라즈마 제니탈리움
		임질
		클라미디아
		트리코모나스
		헤르페스 1
		헤르페스 2
		매독

질염을 유발하는 균

레아플라즈마 유레아라이티쿰'은 예전에 성 매개 감염균이었지만, 최근에는 증상이 없거나 심하지 않고 일회성 감염이라면 성 매개 질환으로 보지 않아 파트너까지 치료하지는 않습니다. 이처럼 성병 검사는 성병이 아닌 균들도 포함되어 있습니다. '질염 원인균 검사' 정도로 이름을 바꾸는 게 더 맞는 것 같습니다.

임신 중 분비물 양이 많아지고 질염에 대한 두려움으로 특별한 증상이 없는데도 검사를 받고 싶어 하는 분들이 많습니다. 분비물에서 억지로 맡지 않아도 생선 비린내가 심하게 나고 외음부 따가움이나 가려움이 심하다면 그때 필요한 치료를 꼭 받으세요.

자연 분만 하면
안 되는 질염이 있다

↓

핵심 미리보기!

질염에도 여러 종류가 있습니다. 매독, 임균 등의 성 매개 질환은 태아의 사망률을 높이는 균입니다. 꼭 병원에 가서 치료를 해야 합니다.

임신부가 질염 치료를 잘 받아야 하는 중요한 이유가 있습니다. 질염 균이 양수 내 감염을 일으켜 조산의 원인이 되는 경우가 있기 때문입니다. 성 매개 질환인 매독과 임균이 조산, 만삭 전 조기 양막 파열, 자궁 내 성장 지연, 태아 사망을 높이는 대표적인 균입니다. 또한 일반적인 세균성 질염도 악취가 나고 증상이 심하게 나타날 정도로 세균의 수가 많다면 조산, 만삭 전 조기 양막 파열, 분만 후 자궁 내막염 등 임신 합병증의 원인이 될 수 있다는 연구도 있습니다.

매독은 임신 중 태반을 통해 태아에게 전파가 가능합니다. 이렇게 '선천성 매독'에 걸린 태아는 조산과 사산의 가능성이 높으며 태어나더라도 사망 위험이 큰 위중한 상태에 놓이게 됩니다. 임신 전이나 임신 중 매독의 진단과 치료가 중요한데, 잠복기가 길어 발견이 안 되는 경우도 있습니다.

매독의 진단은 혈액 검사가 기본입니다. 질 분비물에서는 매독이 발견되지 않을 때가 있어 '성병 12종 검사'에서 음성으로 나와 진단이 늦어지는 경우가 있습니다. 진단되면 페니실린 주사로 간단하게 치료할 수 있습니다. 임균 역시 임신 중 감염이 확인되면 반드시 치료받아야 하며 항생제 주사로 치료가 가능합니다. 두 균 모두 성관계 파트너도 같이 치료받아야 하고 치료가 완료될 때까지 성관계를 하면 안 됩니다.

성 매개 감염이 아닌 공생균에 의한 세균성 질염도 임신 중 치료할 수 있습니다. 증상이 없는데 검사 결과에만 균이 발견되었다면 치료할 필요가 없고 불필요한 항생제 복용은 오히려 내성균을 만들어 나중에 반드시 치료해야 할 때 치료가 되지 않을 수 있습니다.

담당 의사는 질 분비물의 양상, 증상들을 종합해 치료 방법을 결정합니다. 일반적인 세균성 질염은 성관계로 전염되지 않으므로 배우자의 검사나 치료는 필요 없습니다. 대부분 공생균이기 때문에 재검은 의미가 없으며 만약 검사를 다시 받고 싶으시다면 치료 완료 후 적어도 3개월이 지난 뒤에 검사해 보시기 바랍니다.

질염 치료가 꼭 필요한 경우

성 매개 감염을 일으키는 균에 의해 질염에 걸렸는데 제대로 치료

받지 않았다면 아이가 산도를 통해 나오면서 전염될 수 있습니다. 신생아는 면역이 취약한 상태이기 때문에 노출된 부분 말고도 온몸으로 균이 퍼질 수 있습니다. 임신 중 '임균, 클라미디아, 성기단순포진, 트리코모나스'에 진단되었는데 분만할 때까지 치료가 완료되지 않았다면 제왕절개를 권고합니다. 질염은 아니지만 성 매개 질환인 HIV에 감염된 분 역시 제왕절개로 분만하도록 권고합니다.

성기단순포진의 원인인 단순 헤르페스 바이러스 1, 2는 감염이 되면 완치가 불가능합니다. 바이러스가 몸속에 숨어 있다가 면역력이 떨어지는 시기에 활동을 시작해 따갑고 쓰라린 포진을 만들고 포진이 있을 때는 전염성이 있습니다. 분만을 앞두고 포진이 갑자기 생겼다면 성기단순포진인지 확인이 필요하고 바이러스 감염이 맞다면 분만 방법에 대해 상의가 필요합니다.

분만할 때 신생아가 헤르페스에 감염되면 피부, 눈 등에 병변이 생길 수 있고 심각한 경우 뇌수막염 같은 중추신경계 이상이 생길 수 있습니다. 성기단순포진은 완치가 안 되지만, 포진이 생기고 항바이러스제 치료를 최대한 빨리 시작하면 증상을 완화하고 바이러스 전파를 줄일 수 있습니다. 이전에 성기단순포진에 걸린 적이 있는 분은 증상이 나타나면 최대한 빨리 병원에 방문하세요.

질염도 예방이 최선이다

질염 치료도 중요하지만 걸리지 않게 예방하는 게 훨씬 중요합니다. 성 매개 감염은 콘돔이라는 예방 방법이 있지만 일반적인 질염은 평소 생활 습관을 통해 예방해야 합니다. 일상생활 속 질염을 예방할 수 있는 방법을 정리해 보았습니다.

① 충분한 수면과 적절한 영양 섭취

몸의 면역력을 유지하는 게 가장 중요합니다. 면역력이 떨어진 틈으로 공생균이 자라날 수 있기 때문이죠.

② 질 내 젖산균이 살기 좋은 환경 만들기

젖산균은 약산성에서 삽니다. 알칼리 성분인 비누, 정액, 세정제가 질 내로 노출되지 않도록 하세요. 질 세정제도 사용하지 않는 게 좋고 비누칠은 외음부만 하세요. 임신 중 성관계 때에 콘돔 사용도 질 내 환경 유지를 위해 중요합니다.

③ 흡수와 통풍이 잘 되는 옷 입기

임신 중엔 정상적으로 분비물이 많아집니다. 속옷은 흡수가 잘 되는 면 소재가 좋고 통풍이 잘 되고 꽉 붙지 않는 종류를 추천합니다. 하의도 청바지보다는 통풍이 잘되는 바지나 치마가 좋습니다. 분비물이 많아 라이너나 생리대를 착용해야 한다면 적어도 3~4시간 간격으로 교체하시기를 바랍니다.

④ 질 내 세정은 최대한 피하기

성분이 아무리 좋은 질 세정제라고 하더라도 질 내 젖산균의 수를 더 줄일 수 있습니다. 질 세정 후 잠깐은 개운할지 몰라도 질염이 재발되는 악순환 고리에 빠질 수 있습니다. 질염을 완벽하게 예방하거나 치료할 수 있는 질 세정제나 약물은 없습니다.

⑤ 질 유산균 복용이나 유산균 질정 사용하기

질 유산균 복용이 질염을 예방한다는 의견에 대해 갑론을박이 있는 건 사실입니다. 복용한 유산균이 항문까지 살아서 질 내로 자리를 잡아야 하는데, 이론적으로는 가능하나 실제로는 굉장히 어렵기 때문입니다. 효과가 나타나는 유산균이 있다면 꾸준히 복용하시고, 새로 복용하신다면 어느 정도 먹어 보고 효과가 없으면 중단하셔도 좋습니다.

질정은 유산균을 질로 직접 넣어 주기 때문에 전달은 확실하나, 질정 삽입을 중단하면 유산균들이 사라지는 단점이 있습니다. 질염 치료 후 질 내 면역력이 회복되기 기다리면서 질정을 사용해서 질염이 재발하는 걸 어느 정도 방지할 수 있습니다.

⑥ 올바른 치료로 재발 방지하기

질염이 의심된다면 병원에 방문해서 정확한 진단을 받는 게 제일 중요합니다. 또한 항생제는 병원에서 처방받은 만큼 다 먹어야 내성균이 생기는 걸 막을 수 있습니다.

태아 기형에는
어떤 것들이 있을까?

핵심 미리보기!

손가락처럼 겉에서 보이는 부분과 심장처럼 눈에 보이지 않는 장기에 구조적인 기형이 발생하거나, 염색체와 유전자 단위로까지 기형이 생길 수 있습니다. 외관상 이상이 없어도 기능에 문제가 생기는 것도 기형에 포함됩니다.

"우리 아이 손가락, 발가락 다섯 개씩 잘 있나요?"

많은 부모님들이 아기가 건강하게 잘 태어났는지 가장 먼저 궁금해하십니다. 손가락과 발가락 관련 기형이 흔하기도 하고, 외관상 잘 보이는 부분인데 기능과 연관도 있으니 관심이 많은 건 당연합니다. 주요한 태아 기형은 전체 신생아 중 2~3퍼센트에서 발생할 정도로 흔합니다. 하지만 이 중 80퍼센트는 원인을 알 수 없고, 원인을 아는 경우의 95퍼센트는 염색체나 유전자 이상에 의해 발생합니다.

약을 먹어서 기형이 생기는 경우는 1퍼센트도 되지 않으나, 기형을 유발하는 약물은 존재합니다. 일상에서 쉽게 접하는 술과 담배도 기형의 원인이 될 수 있습니다. 임신 계획을 미리 세워 기형을 유발하는 약물과 술, 담배의 노출을 줄이면 기형아 발생을 줄일 수 있습니다.

아기에게 생길 수 있는 기형

기형은 선천적으로 어떠한 원인으로 인하여 정상 형태와 기능이 아닌 상태를 말합니다. 조금 더 쉽게 말하면 손가락처럼 겉에서 보이는 부분과 심장처럼 눈에 보이지 않는 장기에 구조적인 기형이 발생하거나, 염색체와 유전자 단위로까지 기형이 생길 수 있습니다. 외관상 이상이 없어도 기능에 문제가 생기는 것도 기형에 포함됩니다. 아기에게 생길 수 있는 기형은 다음과 같습니다.

① 구조적인 기형

구조적인 기형은 머리부터 발끝까지 어느 부위든지 생길 수 있습니다. 상상하는 거의 모든 것이 가능하며 정도는 상황마다 다릅니다. 뇌 구조가 정상과 다르거나 '척추갈림증'이나 '수막류' 같은 신경관 결손증이 생기기도 합니다. '구순 구개열'은 얼굴에서 흔하게 생기는 기형이며 귀가 작은 '소이증'도 있습니다. '다지증'이나 '합지증'처럼 손가락과 발가락의 개수에 문제가 생길 수도 있습니다.

산부인과 의사는 아기가 태어나서 생명과 직결되는 기형이나 장애를 갖고 살아갈 문제가 없는지 확인하는 걸 가장 중요하게 생각합니다. 심장이나 신장, 간, 폐와 위장에 심각한 기형이 있다면 엄마 배 속에서 나오자마자 생명이 위독할 수 있고, 수술이 필요할 수 있습니다.

이러한 기형을 임신 중에 발견하기 위해 노력하지만 아직 기형을 100퍼센트 다 발견할 방법이 없어 태어난 뒤 기형이 발견되는 경우도 꽤 있습니다.

② 염색체 기형

'다운증후군', '터너증후군'과 같이 염색체에 기형이 생기도 합니다. 염색체 이상 중 염색체 수 이상이 가장 많고, 그중 다운증후군이 있는 아기가 가장 많이 태어납니다. 그래서 다운증후군에 대한 선별 검사가 매우 중요해졌습니다.

③ 기능적 기형

기능에 이상이 있는 경우는 임신 중뿐만 아니라 신생아 때에도 발견하기가 매우 어렵습니다. 적어도 기어다니기 시작하거나 주위 자극에 반응이 가능한 나이가 되어야 하고, 지적 장애 같은 경우는 학습이 가능할 때 알 수 있습니다.

청력의 경우 아기가 태어나자마자 신생아실에서 신생아 청력 선별 검사를 해서 아기가 난청을 가지고 태어났는지 확인합니다. 이 선별 검사를 통과하지 못했다고 모두 난청이 있는 건 아니고 추후 진단 검사와 반복적인 추적 검사를 통해 확진을 하게 됩니다.

기형 진단이 애매한 경우도 있습니다. '태아 뇌실 확장증'은 뇌실의 크기가 10밀리미터 이상이면 진단되는데, 9.9밀리미터거나 10.1밀리미터면 단 0.2밀리미터 차이로 진단이 갈립니다. 인위적으로 정상과 기형의 기준을 정한 게 많기 때문에 이런 상황들이 생깁니다.

초음파 화질이 좋아지고, 검사 기법들이 발달하면서 이전엔 몰랐던 기형을 자궁 안에서 발견하는 경우가 많아졌습니다. 분명 앞으로 더 많은 기형을 미리 알게 될 겁니다. 이런 기술의 발달이 건강한 아이가 태어나도록 도울 수는 있겠지만 더 많은 부모의 마음에는 필요 없는 걱정과 짐이 될 여지가 있어 개인적으로는 걱정되기도 합니다.

구조적 이상이 발견되었더라도 이것이 태어난 아기에게 어떤 영향을 미칠지를 예측하기 어려운 경우도 많습니다. 실제로 저는 머리 안에 작은 물혹이 있습니다. 정상적으로 있으면 안 되는 구조였지만, 다행히 지금까지 이상이 발견되지 않았습니다. 제가 요즘 시대에 태어났다면 배 속에 있을 때 이미 물혹이 발견되었을 거고 어머니는 저의 물혹에 대해 평생 걱정하셨을 겁니다. 본인이 뭔가 잘못해서 물혹이 생긴 건 아닐지 자책하고 계실 수도 있습니다. 그래서 저는 어머니께서 물혹의 존재를 모르셨던 걸 정말 다행으로 생각합니다.

진료실에 있다 보면 안타까운 사연을 많이 봅니다. 태아에게 작은 구조적 기형이 발견되어 임신 중절을 상담하러 오는 분이 믿기지 않으시겠지만, 있습니다. 다지증이나 구순열은 외관상의 미세한 문제는 있지만 수술로 충분히 교정할 수 있고, 살아가는 데 아무런 문제가 없습니다. 병원에 찾아온 어머니의 마음도 이해가 가지만 임신 중절을 고민할 게 아니라 아기가 태어난 뒤 어떻게 하면 좋을지 상담하러 오셨다면 얼마나 좋았을까요.

'기형아 검사'로
모든 기형아를 알 수 없다

핵심 미리보기!

기형아 검사는 이상을 미리 발견하는 데에도 의미가 있지만, 아기가 괜찮다
는 사실을 확인하는 검사라는 점에서 매우 큰 의미가 있습니다.

"기형아 검사에서 정상이면 우리 아이는 건강한 거겠죠?"

'기형아 검사'는 어떤 검사일까요? 이름만 들으면 모든 종류의 기형
을 발견하는 검사처럼 느껴집니다. 기형아 검사는 검사 방법도 여러
가지인 데다가 결과 해석도 복잡하기 때문에 검사 결과를 맘카페나
주위에 문의하는 경우도 정말 흔합니다. 기형아 검사는 어떤 검사인
지, 검사 종류와 결과를 어떻게 해석하면 좋을지 알아보겠습니다.

기형아 검사는 무슨 검사일까?

기형아 검사로 불리는 검사는 염색체 기형, 즉 다운증후군을 발견

하기 위해 개발된 검사이기 때문에 '염색체 이상 선별 검사'가 올바른 명칭입니다. 쿼드 검사, 통합 선별 검사, 연속 선별 검사 Ⅰ/Ⅱ, 비침습적 산전 검사(NIPT, Non-invasive prenatal testing) 등의 종류가 있으며, 검사마다 검사 시기와 항목에 차이가 조금씩 있습니다.

임신 초기 11~14주 사이에 목덜미 투명대를 중심으로 혈액 검사가 추가되기도 하며, 임신 중기 15~20주 사이에는 혈액 검사를 합니다. 그중 통합 선별 검사는 임신 초기와 중기 검사 모두 끝나야 결과를 확인할 수 있습니다. 또한 검사 결과와는 관계없이 임신부의 출산 예정일 당시 나이가 만 35세가 넘으면 나이 항목에 고위험군으로 표시됩니다.

비침습적 산전 검사는 비교적 최근에 나온 검사로 기존 검사와는 개념이 조금 다릅니다. 기존 검사들은 임신부의 호르몬 수치를 종합해서 계산한 결과라면, 비침습적 산전 검사는 임신부 혈액에 돌아다니고 있는 태아의 염색체를 측정합니다.

10주 이후부터 채혈을 통해 간편하게 검사할 수 있고 기존 검사들보다 정확도가 높은 대신 검사 비용은 비쌉니다. 회사마다 검사명은 다르지만 검사 정확도는 평준화되었다고 보셔도 됩니다. 태아의 염색체를 직접 채취한 게 아니고 임신부 혈액에 떠다니는 조각들을 모아서 분석한 거라 확진 검사인 '양수 검사'나 '융모막 융모 검사'를 대체할 수는 없습니다.

또한 다운증후군을 발견하기 위해 개발된 검사이지만 결과지에는 다운증후군, 에드워드증후군, 신경관 결손에 대한 위험도도 같이 표시됩니다. 이 검사는 선별 검사이기 때문에 고위험군과 저위험군으로 분류하고 고위험군에는 확진 검사를 권고합니다. 정확한 결과는 염색체를 직접 확인할 수 있는 확진 검사를 받아야 알 수 있기 때문입니다. 확진을 위해서 10~12주 사이 임신 초기에는 융모막 융모 검사를 통해 태아의 염색체를 채취하고, 15~20주에 양수 검사를 합니다.

검사 결과지는 각 혈액 검사와 목 투명대 검사의 수치와, 고위험군 혹은 저위험군인지 종합적으로 위험도를 평가한 두 부분으로 나뉩니다. 수치별로 나온 결과는 평균적인 임신부의 수치에 비해 얼마나 높고 낮은지 'MoM(Multiple of Median)'으로 표현하는데, 수치들을 각각 해석하는 건 큰 의미가 없고 까다로우니 바로 위험도를 확인하시면 됩니다.

위험도는 확률로 계산합니다. '1:X' 표시는 X명 중에 1명이라는 비율이며, 1:100이라고 결과를 들었다면 100명 중에서 1명이 다운증후군이 나올 확률, 즉 1퍼센트의 다운증후군 위험이 있다고 생각하시면 됩니다. 다운증후군 위험도의 기준은 1:270 혹은 1:495로, 검사하는 회사마다 차이가 나기도 합니다. 즉 다운증후군일 확률이 0.2~0.3퍼센트보다 높으면 고위험군으로 분류하죠.

확률이 생각보다 낮아서 의아하실 수도 있습니다. 이는 선별 검사이기 때문에 그렇습니다. 다운증후군인 아이를 한 명이라도 더 찾기 위해 확률을 낮춰서 분류합니다. 그물이 촘촘하면 더 많은 물고기를 잡을 수 있지만 잡고자 하는 것보다 작은 물고기를 잡게 되겠죠. 그러다 보니 495명 중에 99.8퍼센트인 494명은 정상인데도 고위험군이라는 결과를 받습니다. 반면에 1:2000이라 저위험군으로 분류되었지만 2,000명 중 1명은 태어나 보니 다운증후군으로 확인될 수도 있습니다. 그러므로 고위험으로 나왔다고 다운증후군으로 생각하거나, 저위험으로 나왔으니 정상이라고 확정하시면 안 됩니다.

다운증후군 선별 검사, 어떤 검사를 해야 할까?

"다른 산모들도 제일 많이 하는 검사로 해 주세요."
"쿼드 검사, 통합 선별 검사, 비침습적 산전 검사 그리고 양수 검사 중에 무슨 검사를 받아야 할까요?"

많은 분들이 궁금해하시는 질문입니다. 검사를 하긴 해야 하는데, 어떤 검사를 할지 선택이 어렵죠. 진료 보는 의사도 마찬가지입니다. 어디에도 정답은 없기 때문입니다. 교과서나 최신 논문에도 어떤 검사를 하라고 콕 찍어주는 곳은 없습니다.

통합 선별 검사(혹은 연속 선별 검사)와 비침습적 산전 검사 중 골라야 한다면 어떤 검사를 선택하는 게 좋을까요? 이것도 역시 정답은 없습니다. 각자의 상황에 따라서 선택하시면 됩니다.

고령 임신이라 걱정도 많고 결과를 빨리 알고 싶다면 비침습적 산전 검사, 크게 걱정하는 성격이 아니고 너무 비싼 검사 비용이 부담스럽다면 통합 선별 검사나 연속 선별 검사를 선택하시면 됩니다. 이전 임신 때 염색체 이상이 있었다면, 양가 가족 중에 염색체 기형이 있다면 바로 양수 검사를 하는 것도 좋은 선택입니다.

'이상이 있어도 낳아서 키우겠다'라며 선별 검사를 하지 않는 예비 부부도 있습니다. 대단하고 훌륭한 생각임은 분명하지만 그래도 검사는 받는 게 좋다고 말씀드리고 싶습니다. 염색체 기형은 중요한 장기의 기형을 동반하는 것이 대부분이고 태어나자마자 소아과 전문의의 진료가 필요한 상황이 많기 때문입니다.

이상이 있다면 미리 발견할 수 있고 아기가 건강하는 사실을 확인하는 검사라는 점에서 매우 큰 의미가 있습니다. 염색체 이상 선별 검사가 바로 그런 검사라고 생각하시면 좋겠습니다.

선별 검사 고위험군 기준만 보더라도 대다수 아이들은 건강하게 태어나서 잘 자랍니다. 내 아이에게 이상이 있을 수 있으니 검사한다는 생각보다는 건강하고 정상이지만 정말 괜찮은지 확인한다는 생각으로 검사를 임하시면 부담이 줄어들 겁니다. 그리고 모든 결정은 혼자 하지 마시고 주치의 선생님과 반드시 상담 후 결정하시기 바랍니다.

정밀초음파는
얼마나 정밀할까?

핵심 미리보기!

정밀초음파 검사는 태아의 구조적 기형을 발견하기 위한 검사입니다. 모든 기형을 발견하지는 못하지만 생존에 중요한 장기에 집중하여 검사합니다.

정밀초음파는 말 그대로 초음파로 하는 정밀한 검사를 말합니다. 시기에 따라 초기 정밀초음파, 중기 정밀초음파로 나누기도 하는데 흔히 말하는 정밀초음파는 중기 정밀초음파를 일컫습니다.

임신 11~14주에 시행하는 초기 정밀초음파는 앞에 '다운증후군 선별 검사'에서 나온 태아의 목덜미 투명대 두께를 보는 검사입니다. 투명대 두께가 3밀리미터보다 두꺼우면 다운증후군 같은 염색체 기형의 위험도가 높다고 판단합니다. 3밀리미터를 넘지 않더라도 통합 선별 검사나 연속 선별 검사 계산에 두께가 들어가기 때문에 0.1밀리미터 차이로 고위험군이 되기도 합니다. 그만큼 자세히 봐야 하고 중요한 검사입니다.

목덜미 투명대 두께를 재는 방법은 생각보다 쉽지 않습니다. 전공의 시절 초음파 파트에서 근무할 때 목덜미 투명대 두께를 측정해야 하는 임신부가 오면 항상 긴장했습니다. 전문의가 되고 분만 병원에서 근무할 때에도 정확한 두께를 측정하기 위해 아무리 바빠도 제가 직접 측정했습니다. 정확한 검사를 위해서는 태아의 자세가 매우 중요한데 이 자세를 맞추기가 굉장히 어렵습니다.

아래 초음파 사진처럼 태아의 머리, 목, 가슴이 꽉 차도록 확대해야 하고, 아이가 고개를 조금이라도 뒤로 젖히거나 구부리면 안 됩니다. 엎드리거나 옆으로 돌아누워 있으면 측정이 어렵고, 똑바로 누워 있더라도 끊임없이 움직여서 순간을 포착해야 하는데 쉽지가 않습니다. 아이가 잘 도와주면 5분도 안 걸려 끝나지만, 검사를 하루에 끝내지 못할 때도 있습니다.

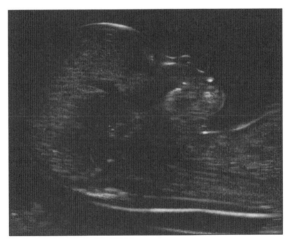

초음파 사진 예시

임신 초기 미리보기

중기 정밀초음파의 목적과 의미

중기 정밀초음파는 임신 20~24주에 시행합니다. 중기 정밀초음파가 우리가 흔히 말하는 정밀초음파로, 태아의 구조적 기형을 발견하기 위한 검사입니다. 머리끝부터 발끝까지 기형이 생길 수 있는 모든 곳들을 최대한 자세히 관찰합니다. 하지만 아무리 자세히 관찰하더라도 모든 기형을 발견하지는 못합니다. 초음파라는 검사 자체의 한계가 있고 태아의 자세, 관찰하는 장기에 따라 정확도에 차이가 날 수 있습니다.

초음파는 CT나 MRI와는 다르게 검사자가 직접 실시간으로 검사와 판독이 이뤄지다 보니 검사자에 따라 정확도 차이가 날 수 있습니다. 그리고 장기마다 정확도가 높은 검사 방법이 다릅니다. 예를 들어 뼈는 엑스레이나 CT가 정확하고, 머리나 간은 MRI가 정확합니다.

최근 임신 중 태아 MRI 검사를 하기도 하지만, 일차적인 검사보다는 초음파에서 이상이 보이는데 더 정확한 판독이 필요할 때 제한적으로 시행합니다. 태아에게는 방사선 노출을 최소한으로 하기 위해 엑스레이나 CT를 사용하지 못합니다. 다태아 임신은 아기가 서로 겹쳐져 있어 아래쪽에 있는 아기에 대한 검사는 정확도가 떨어질 수 있습니다.

중기 정밀초음파는 매우 많은 항목을 관찰해야 합니다. 뼈만 보더라도 허벅지 뼈, 위팔뼈의 길이를 측정하고, 정강이와 종아리뼈, 아래팔뼈, 손가락 발가락의 개수와 모양까지 확인하고 기록합니다. 두뇌와 심장같이 구조가 복잡하고 중요한 장기는 관찰해야 할 부분이 훨씬 많고 까다로워서 장기마다 초음파 보는 방법에 관한 책이 따로 있을 정도입니다. 아이가 자세가 좋고 잘 도와준다면 검사 시간은 20~30분 정도 걸리고 이상 소견이 의심되면 좀 더 전문적인 소견을 위해 재검사를 하기도 합니다.

쌍둥이는 서로를 가리는 경우도 있어 검사가 한 시간 넘게 걸리기도 하고, 삼둥이는 한 시간 반 넘게 걸릴 때도 생각보다 흔합니다. 시간이 너무 지체되어 임신부가 지쳐서 힘들어하면 다른 날에 이어서 추가 검사를 하기도 합니다.

다운증후군 선별 검사, 정밀초음파 모두 태아의 기형을 발견하기 위한 검사입니다. 둘 다 100퍼센트의 정확도를 갖지 못하고 모든 종류의 기형을 발견하지도 못합니다. 검사를 시행하기 전에 임신부과 보호자에게 이런 설명을 하면 "그럼 검사를 왜 하나요?"라고 묻기도 합니다.

기형아 검사의 가장 중요한 목적은 태아가 분만 후 생존을 위한 도움이 필요한지 임신 중에 확인하기 위함입니다. 심장 기형처럼 생명 유지에 중요한 장기의 이상이 있어 태어나자마자 처치나 수술이 필요하지는 않은지, 구순열이나 구개열이 심하다면 태어나면 특수 젖병이 있어야 하기 때문에 분만 전에 대비하려는 목적입니다. 수술이나 약물 치료로도 생존이 어려운 기형이 있는 경우는 임신을 지속할지에 대한 결정에 도움을 줍니다.

임신 초기 미리보기

정밀초음파와 입체초음파는 다르다

정밀초음파와 입체초음파 차이를 구분하는데 어려워하시는 분들이 많습니다. 두 검사는 비슷한 것 같지만 다른 검사입니다.

입체초음파는 3D초음파나 4D초음파로 불립니다. 태아 모습을 입체적으로 구현해서 외관을 실감 나게 관찰할 수 있습니다. 3D는 사진으로, 4D는 입체적인 모습을 동영상으로 담을 수 있습니다. 아이의 얼굴을 보기 위해 많은 예비 엄마아빠가 기대하고 기다리는 검사입니다. 요즘엔 입체초음파 사진으로 태어날 아이의 얼굴을 예측하는 애플리케이션도 인기가 많습니다.

입체초음파 검사는 언제쯤 받는 게 좋을까요? 24~28주는 되어야 태아 얼굴에 살이 올라와서 입체초음파가 예쁘게 나옵니다. 임신성 당뇨를 검사하는 시기와 비슷해서 시약을 먹고 기다리는 동안 입체초음파를 찍기도 합니다. 너무 빨리 찍으면 살이 없어서 뼈만 있는 것처럼 보이고, 30주가 넘어 아이가 많이 커지면 공간이 없어 얼굴을 못 찍기도 합니다.

입체초음파는 기형을 발견하기 위한 검사가 아니라서 입체초음파를 보지 않는 대학병원도 있습니다. 그래서 대학병원에서 진료를 받다가 근처 산부인과 의원이나 분만 전문병원에 입체초음파만 보기 위해 오는 분도 있죠.

입체초음파를 실패할 때도 있습니다. 제 동생이 당시 배 속에 있던 조카의 입체초음파를 보려고 했는데 얼굴을 도저히 보여 주지 않아 굉장히 아쉬워하는 모습을 보고 제가 한번 봐주겠다고 한 적이 있습니다. 초음파실에서 한 시간이 넘게 씨름했지만, 결국 저도 실패했습니다.

입체초음파를 선명하게 찍으려면 보고 싶은 부분과 초음파 사이에 양수가 충분히 있어야 합니다. 얼굴을 자궁이나 태반에 붙이고 있거나 손으로 계속 가리고 있으면 영상이 제대로 나오기 힘듭니다. 하지만 입체초음파를 못 봤다고 너무 실망하지는 마세요. 실물이 훨씬 예쁜 천사가 기다리고 있습니다.

임신 초기 미리보기

임신 중
조심해야 하는 음식

핵심 미리보기!

수유 중에도 매운 음식은 적당히 먹어도 괜찮습니다. 수유 중 매운 음식을
먹으면 아이 엉덩이 피부가 헌다는 속설도 근거가 부족합니다.

'임신 중 매운 음식을 먹으면 아이가 아토피에 걸린다?'

'임신 중엔 팥을 먹으면 유산된다?'

'짜장면을 먹으면 아이 피부가 검게 변한다?'

이런 이야기를 한 번이라도 들어보셨나요? 이 이야기가 사실이라면
정말 먹을 음식이 없습니다. 예전부터 내려오는 음식에 관한 이야기
는 참 많습니다. 먹으면 안 된다는 이야기도 있지만 임신하면 꼭 먹어
야 한다는 음식들도 등장합니다. 평소 좋아하던 음식을 갑자기 중단
하는 것도 힘들지만 관심 없던 음식을 먹는 것도 고문이죠. 미신처럼
내려오는 음식에 관한 이야기를 해보겠습니다.

먹어도 되는 음식, 먹으면 안 되는 음식

식재료에 대한 이야기도 참 많습니다. 어떤 재료를 먹으면 안 되고, 어떤 재료를 먹어야 하고… 이러한 수많은 정보 중 잘못된 정보도 상당히 많습니다. 정말 먹지 말아야 하는 음식들은 상식 속에 다 있습니다. 술과 담배는 절대 안 됩니다. 한 모금의 술도 태아에게 악영향을 줄 수 있습니다.

① 팥, 정말 먹으면 안될까?

팥도 참으로 억울한 식재료입니다. 팥은 귀신을 쫓는 음식으로 임신 중 먹으면 유산이나 조산이 된다는 말도 안 되는 이야기가 있죠. 팥은 임신 중 필요한 영양분으로 가득합니다. 식물성 단백질, 철분, 엽산, 섬유질이 풍부하고 맛까지 좋습니다. 팥빙수나 팥앙금은 당분이 너무 많으니 가끔 즐기는 정도로만 드시고 잡곡밥에 조금씩 넣어 드시는 걸 추천합니다.

녹두나 율무, 계피, 엿기름도 마찬가지입니다. 먹으면 안 된다는 이유도 근거가 없을뿐더러 이런 음식 재료는 요리에 부재료로 소량씩만 사용하므로 전혀 걱정하지 않고 드셔도 됩니다. 엿기름으로 만든 식혜는 저도 참 좋아하는 음료지만 당분이 높으니 너무 많은 양을 드시는 건 추천하지 않습니다. 엿기름이 단유 효과가 있다는 말도 있지만 사실이 아닙니다.

또한 복숭아, 파인애플 등의 과일도 먹지 말라는 속설이 있는데, 알레르기만 없다면 드셔도 됩니다. 과일도 당분이 높으니 먹는 양만 조심하세요. 날 음식도 금기는 아닙니다. 대신 위생을 잘 지키고 재료를 깨끗하게 손질한 식당에서 드시길 바랍니다.

② 매운 맛은 사실 통증이다

매운 음식에 대한 오해부터 풀고 넘어가겠습니다. 맵다는 느낌은 맛이 아니라 통증입니다. 앞서 설명해 드렸듯이 임신부와 태아는 신경으로 연결되어 있지 않습니다. 임신부가 매운 음식을 먹는다고 태아도 맵게 느끼지 않습니다. 일반적으로 먹는 음식에 들어가 있는 정도의 캡사이신이 태반을 통과한다는 이야기도, 임신 중 매운 음식을 먹으면 아기가 아토피에 걸린다는 속설도 전혀 근거가 없습니다. 매운 음식 자체는 아기에게 해롭지 않습니다.

하지만 대부분의 매운 음식은 염분과 당이 과도하게 들어가 있습니다. 떡볶이, 마라탕 등의 음식이 대표적이죠. 떡볶이와 마라탕을 임신 중 피해야 하는 이유는 매워서가 아니라 너무 짜고 달기 때문입니다. 입덧 중엔 자극적인 음식이 생각나지만, 매운 음식은 위 점막을 자극해 입덧을 더 심하게 만들고 속 쓰림이 심해질 수 있습니다.

매운 음식도 적당히 드시면 전혀 문제가 되지 않습니다. 떡볶이가 너무 먹고 싶다면 맛만 본다는 생각으로 조금씩만 곁들여 드세요.

③ 덜 먹는 것보다 많이 먹는 게 문제다

우리나라는 예전부터 음식에 예민한 풍습이 있습니다. 농경 중심의 국가였고, 역사적으로 주위 나라들의 침략을 받으면서 식량난을 자주 겪어서 그런 것 같습니다. 복날마다 보양식을 챙겨먹는 문화, 명절과 가족 행사마다 상다리가 휘도록 올라오는 음식들은 사실 현대 사회에서 건강을 지키는 측면에서 잘 맞지 않습니다. 보양식은 칼로리가 너무 높습니다.

④ 참치 통조림은 안전하다

중금속 축적을 피해기 위해 참치와 같은 대형육식형 생선을 피해야 한다는 말, 들어보신 적 있으신가요? 참치 통조림은 일반 어류와 비슷하게 안전한 가다랑어로 만듭니다. 따라서 일반 어류와 같은 양으로 드셔도 괜찮습니다. 그렇다면 임신 중 먹어도 되는 생선은 무엇이며, 먹지 말아야 하는 생선은 무엇일까요?

'미국인을 위한 식습관 가이드라인'에 중금속으로부터 안전하게 생선 고르는 법이 나와 있어 소개해드리겠습니다. 성인은 생선을 한 번 먹을 때 113그램 섭취를 권장하고 '최고의 선택'에 속해 있는 생선은 일주일에 두 번이나 세 번, '좋은 선택'에 있는 생선은 일주일에 한 번 먹는 걸 권장합니다.

- 최고의 선택: 대서양 조기, 청어, 조개, 굴, 관자, 대서양 고등어, 숭어, 랍스터, 새우, 가재, 검은바다농어, 참고등어, 멸치, 병어, 농어, 정어리, 참치(가다랑어), 오징어, 대구, 가자미, 홍어, 틸라피아, 연어, 메기
- 좋은 선택: 잉어, 우럭, 메로, 은대구, 참치(날개다랑어, 황다랑어), 아귀, 줄돔, 옥돔, 민어, 참바리, 도미, 버팔로피쉬, 넙치, 스페인 고등어, 파

란농어, 만새기, 줄농어

- 피해야 할 선택: 삼치, 옥돔, 오렌지 러피, 참치(눈다랑어), 상어, 청해
치, 황새치

임신했다고 일상을 갑자기 180도 바꿀 필요도 없고, 바꾸려다가 오히려 역효과가 날 수 있습니다. 먹고 싶은 걸 열 달 동안 꾹꾹 참았다가 나중에 충동적으로 과하게 먹어서 고생하지 말고, 피해야 할 음식이 아니라면 음식의 종류를 바꾼다기보다 양을 조절하면 좀 더 행복하고 슬기로운 임신 기간이 될 거라고 믿습니다.

2부

임신 중기
미리보기

임신 15주부터 28주까지

임신 중기, 몸이 마른 편이라면 15주부터 배가 나오는 게 보입니다.
임신 20주가 되면 자궁이 배꼽 근처까지 올라오고
한 달에 1센티미터 정도씩 위로 커집니다.

4장

"엄마가 건강해야
아기도 건강해요"

체중은 어디까지 늘어나야 정상일까?

핵심 미리보기!

임신 중 체중이 적절한 범위에 내에 있다면 스트레스를 받으면서까지 다이어트를 할 필요는 없습니다.

'인생의 마지막 다이어트'란 없는 것 같습니다. 똑같이 먹고 운동을 해도 나이가 들수록 근육은 줄어들고 체중은 늘어납니다. 임신 중 체중이 느는 건 말할 것도 없죠. 임신하면 체중이 늘어나는 건 맞지만, 건강할 정도까지만 늘어나야 합니다. 저는 진료할 때 잔소리를 거의 하지 않으려고 노력하지만 임신부의 체중이 갑자기 늘면 잔소리를 합니다.

그래서 제가 가장 싫어하는 대답이 "배 속의 아가가 먹고 싶어 해서"라는 말입니다. 아이는 엄마가 먹고 싶어서 배달시킨 야식이 무슨 맛인지 모릅니다. 아무리 음식이 먹고 싶어도 2인분을 드시면 안 됩니다. 쌍둥이라고 3인분은 더더욱 안 됩니다.

임신 중기 미리보기

임신 중 비만은 위험하다

비만이 건강에 좋지 않다는 사실은 다 알고 계실 겁니다. 임신 중 비만은 임신부 스스로의 건강에 나쁜 영향을 끼치는 것을 넘어서 태아에게도 치명적일 수 있습니다. 임신 전부터 체중 조절을 하면서 임신을 준비해야 합니다. 비만 여성이 임신을 하면 임신 초기에 유산이 더 많이 발생하고 아기에게 신경관 결손이나 중요한 장기의 기형이 생길 수 있습니다.

임신부가 비만이면 중기에는 임신성 고혈압, 임신성 당뇨병이 증가하고 태아는 자궁 내 사망, 조산의 빈도가 증가합니다. 또한 자연 분만 실패 가능성이 증가해 제왕절개율이 높아지며 분만 후 출혈과 혈전증의 위험이 증가해 생명이 위독할 수 있습니다. 비만인 임신부에게서 태어난 아이는 자라서 비만과 당뇨 같은 성인병의 발생이 증가합니다.

지금 나의 체질량 지수를 한번 계산해 보세요. 방법은 간단합니다. 체중(kg)을 신장(m)의 제곱으로 나눈 수치가 바로 나의 체질량 지수입니다. 예를 들어 키 160센티미터(1.6미터)에 몸무게가 60킬로그램이라면 체질량 지수는 약 23이 됩니다. 다음에 나오는 표를 참고하여 나의 상태를 확인해 보세요.

임신 중에 찐 살이 나중에 아이 낳고 나면 다 빠지리라 생각하시면 안 됩니다. 육아 중에 살 빼기는 정말 쉽지 않습니다. '아는 언니는 아이 낳고 20킬로그램이나 빠졌다는데'라는 말은 정말 남의 이야기로만

	임신 전 체질량지수 (BMI)	임신 중 권장체중 증가량(kg)	임신 중·후기 주별 체중증가량 (kg/week)
저체중	18.5 미만	12.7~18.1	0.5
정상	18.5~24.9	11.3~15.9	0.5
과체중	25~29.9	6.8~11.3	0.3
비만	30 이상	5.0~9.1	0.2

임신 중 체질량 지수 확인하기

들으셔야 합니다.

저는 아이 낳고 나서의 건강이 매우 중요하다고 생각합니다. 예비 아빠도 마찬가지입니다. 저도 아이가 태어나서부터 생전 처음 헬스장에서 수업도 받고 지금까지 근력 운동과 유산소 운동을 병행하며 건강한 아빠가 되기 위해 열심히 노력하고 있습니다. 덕분에 20대 때보다 지금이 더 건강해진 느낌입니다.

임신 주수별 적정 체중을 유지하자

임신 초기는 임신 전과 다를 게 없어야 합니다. 체중도 늘지 않는 게 좋고 먹는 양도 그대로 유지하는 게 좋습니다. 입덧 때문에 오히려 체중이 빠지고 잘 먹지 못하는 분들이 많을 겁니다. 임신 13주까지는 임신 전 체중을 유지하는 걸 목표로 잡으시고, 체중이 늘었다면 최대 2킬로그램을 넘지 않는 게 좋습니다.

임신 중기, 임신 14주부터 28주 정도까지는 하루에 300칼로리 정도 더 섭취해야 합니다. 쌀밥 한 공기, 라면 0.5개 정도의 열량인데, 하루

동안 나눠서 먹어야 합니다. 300칼로리 정도의 간식을 먹는다면 식사량은 그대로 유지해야겠죠. 임신 후기에는 하루에 450칼로리를 추가로 먹어야 합니다. 이 역시 많은 양은 아닙니다. 추가로 먹을 수 있는 열량이 생겼다고 아무거나 막 드시지는 마시고 균형 잡힌 식사와 간식을 드시고 규칙적인 운동을 하시기 바랍니다.

임신 중기 이후부터는 체중이 자연스럽게 증가합니다. 임신부의 몸도 변화하기 때문에 태아의 무게보다 체중은 더 많이 늘어납니다. 임신 전 체중으로 기준으로 임신 20주에는 4킬로그램, 30주는 8.5킬로그램, 40주에는 12.5킬로그램 증가하죠. 만삭 신생아가 대략 3.5킬로그램이라고 하면 나머지 9킬로그램은 임신부의 혈액과 지방, 양수, 자궁, 태반, 유방에서 늘어납니다. 태아와 태반, 양수는 12.5킬로그램 중 5킬로그램 정도를 차지하고 분만과 동시에 빠지지만, 나머지 7.5킬로그램은 시간이 걸립니다.

20주 이후부터는 보통 10주마다 4킬로그램씩 늘어나고 일주일에 0.4킬로그램씩 체중이 증가합니다. 이것은 평균적인 수치이며, 임신 전 체중에 따라서 목표 체중 증가량이 달라집니다. 임신 전 체중이 정상이었다면 만삭에 11킬로그램에서 최대 16킬로그램까지 증가하는 게 좋고, 과체중이었다면 6~11킬로그램, 비만이었다면 5~9킬로그램만 증가해야 합니다.

1주일에 0.5킬로그램, 한 달에 2킬로그램이 많아 보이겠지만, 임신

30주가 넘어가면 본인도 놀랄 만큼 체중이 늘어납니다. 임신 후기부터는 태아의 무게만 일주일에 200그램씩 늘어나고 팔다리도 눈에 띄게 붓기 시작하죠. 식욕도 얼마나 좋은지 뒤돌아서면 배가 고픕니다. 이때 방심을 해서 권장 증가량보다 체중이 많이 늘었다면 아이가 커지는 게 아니라 아이 낳고 빼야 하는 살이 늘어나는 거죠.

20주 이후부터는 병원에 가지 않더라도 일주일에 한 번씩 체중을 기록해서 관리해보세요. 임신 합병증도 줄어들고 출산 후 원래 체중으로 돌아가기도 쉬워질 겁니다.

자궁은 출산 후 두 달이 지나면 원래 크기로 돌아가고, 혈액과 부종도 임신 전으로 돌아가는데 한두 달 정도가 필요합니다. 모유 수유를 한다면 유방의 무게는 증가한 상태겠지만 단유를 하면 금방 원래 무게로 돌아갑니다.

출산 후 3개월이 지나면 12.5킬로그램 중 9킬로그램은 자연스럽게 빠지고 나머지는 지방으로 남습니다. 저장 지방은 모유를 만들고 출산 후 회복하는 데 필요한 열량을 임신 중에 비축해 놓은 겁니다. 그래서 모유 수유를 하게 되면 체중 회복이 더 수월해지죠.

산후풍,
운동으로 예방하자

핵심 미리보기!

임신 중 근력 운동은 출산 후 관절통과 근육통을 줄여 줍니다.

한국식 산후조리는 위키피디아에 'Sanhujori'라고 표기해 별도의 문서가 있을 정도로 우리나라에 존재하는 독특한 문화입니다. 최근 우리나라의 고령 임신부가 많아지면서 산후조리의 중요성이 강조되고 있죠. 이런 독특한 문화를 배경으로 한 드라마도 등장했습니다. 외국에는 산후 관리의 개념은 있지만, 우리나라와는 다릅니다. 산후조리원이 우리나라에만 있는 것도 산후조리에 대한 문화와 개념이 다르기 때문입니다.

최근엔 산후조리 문화가 본질에서 벗어나 수천만 원의 고가의 조리원이 등장하면서 과시의 상징으로 비치기도 합니다. 해외 언론에서도 저출산 속에서 고가의 산후조리원 문화가 성행하는 현상을 주목했죠.

문화의 차이를 떠나 산후조리가 필요한 건 사실이지만, 의학적인 근거가 없는 방법과 오히려 건강에 해로운 방법이 많아 사실을 확인해 보겠습니다.

산후풍의 허와 실

우리나라는 '산후풍'을 예방하기 위해 산후조리를 하는 것 같습니다. 예전부터 어르신들이 산후조리를 잘못하면 뼈에 바람이 들어가 나중에 나이 들어 손목, 허리, 무릎이 아파서 고생한다고 말하십니다. 바람이 들지 않으려면 몸을 따뜻하게 해야 하니 양말을 신고 내복을 입고 아무리 더워도 에어컨을 최대한 틀지 않죠. 아이스크림을 먹으면 이가 다 빠진다는 말도 있습니다. 한여름에도 난방 시설을 사용하는 산후조리원도 있다고 합니다. 과연 과학적으로 맞는 이야기일까요?

사실부터 말씀드리면 아이를 낳은 뒤 더울 때는 에어컨을 사용해도 괜찮고 아이스크림을 먹어도 괜찮습니다. 양말은 발이 시릴 때만 신으시고 적절한 실내 온도와 습도를 유지하는 게 좋습니다. 지나치게 덥게 입고 실내 온도를 높게 유지하면 오히려 감염에 취약해지고 땀띠 같은 피부 질환이 생기기 쉽습니다.

같은 공간에서 생활하는 신생아에게도 적절한 실내 온도는 22~24도입니다. 실내 온도가 이것보다 올라가면 습도가 떨어져 호흡기 점막이 건조해져 호흡기 질환에 취약해집니다.

서양에서는 출산하고 나면 병원에서 얼음을 탄 오렌지주스나 아이스크림을 주기도 합니다. 우리나라 산부인과나 산후조리원에서 아이스크림이 나오면 엄청난 항의가 들어오겠죠.

산후풍이 동양권 여성들에게만 생긴다는 이야기도 있습니다. 하지만 인종별 산후 후유증의 차이에 대한 과학적인 근거는 없습니다. 동양인은 골반이 작고 아이 머리가 커서 산후조리가 더 필요하다는 이야기 또한 근거가 없는 주장입니다. 인종별 골반과 아이 머리 크기에 대한 여러 논문을 보아도 동양과 서양의 차이가 없다는 결론이 대다수입니다.

출산 후에 충분한 휴식이 필요한 건 사실입니다. 적절한 온도와 습도를 유지하고, 적절한 신체 활동과 심리적 안정을 유지하는 게 엄마와 아기가 행복해지는 방법입니다. 근거 없이 임신부만 불편하고 힘들게 만드는 산후조리에 대한 개념은 이제 변해야 합니다.

출산 후 관절통, 어떻게 관리해야 할까?

분만할 때 '릴렉신'이라는 호르몬이 분만 시에 골반 연골이 잘 벌어지게 하는 역할을 한다고 알려져 있습니다. 하지만 여러 연구를 살펴보아도 혈중 릴렉신의 농도와 손과 발, 골반의 관절통이 관계 없다는 결론이 많습니다. 그렇다면 아이를 낳고 관절통은 왜 생길까요?

임신 중 운동 부족이 가장 설득력 있는 원인으로 주목받고 있습니다. 아이가 태어나면 반복적이고 익숙하지 않은 노동이 기다리고 있습니다. 3킬로그램이 넘는 아기를 하루에도 수십 번 안았다가 눕혔다가, 기저귀를 갈기 위해 다리를 잡고 드는 것도 여러 번, 목욕시킬 때도 평소와 다른 자세와 잘 쓰지 않던 근육을 반복적으로 사용하니 관절에 통증이 올 수밖에 없습니다. 바닥에 눕혀 재우면 앉았다 일어나는 과정에서 무릎에 무리가 가고, 한 손으로는 아이를 안고 반대쪽 손으로 땅을 짚으면서 일어나면 손목 통증도 심해집니다.

모유 수유를 한다면 어색한 자세로 허리와 어깨, 목 통증이 생기고 분유 수유를 하더라도 불편한 자세를 반복하면 관절과 근육이 경직됩니다. 아이 옆에서 잠을 자면 긴장한 상태로 2~3시간마다 깨는 쪽잠을 자니 피로가 제대로 풀릴 시간조차 없습니다. 그뿐만 아니라 젖병 세척, 끊이지 않는 세탁과의 전쟁도 치러야 합니다. 이런 일정은 아무리 힘이 센 남자라도 어렵습니다.

임신 중 근력 운동은 출산 후 관절통과 근육통을 줄여 주는 방법입니다. 평소 운동을 하지 않던 여성은 상체 근육량이 부족해서 근력이 약합니다. 아기가 무겁지 않더라도 근력이 약한 상태에서 아기를 들었다 놨다 반복하면 관절에 무리가 갈 수밖에 없습니다. 평소에 즐겨하던 운동이 있다면 계속하는 게 좋고, 하던 운동이 없더라도 가벼운 운동부터 시작해서 근력을 키워 보세요.

임신 중 운동은
추천이 아닌 필수

핵심 미리보기!

일주일에 5일, 약간 땀이 날 정도의 운동은 20~30분 하면 임신부의 건강에 오히려 좋습니다.

과도하게 힘든 운동이나 부상의 위험이 있지 않다면 임신 중에 운동하기를 적극 추천합니다. 안전한 운동 방법과 피해야 하는 운동 종류, 운동을 멈추는 시점 그리고 운동하면 안 되는 분들에 대해 알려드리겠습니다.

임신 중에는 운동하면 안 된다는 말, 들어본 적 있나요? 하지만 임신부는 운동해도 되고, 오히려 하지 않으면 임신 관련 합병증 발생률이 증가합니다. 또한 출산 후에 근육량과 근력 감소로 회복이 느려지고 이후 체중 증가로 성인병에 걸릴 가능성도 커집니다.

미국의 유명 테니스 선수인 세레나 윌리엄스는 2017년 임신 8주의 몸으로 23번째 그랜드슬램을 달성했습니다. 배 속에서 엄마의 우승을 도운 아기는 같은 해에 건강하게 태어나 잘 자라고 있죠. 우리나라 이시영 배우 또한 임신 6개월의 몸으로 하프 마라톤을 완주하고 임신 9개월에는 내장산 등반에도 성공합니다.

이처럼 운동은 임신 주수에 상관없이 해도 안전합니다. 평소 즐기던 운동이 있다면 임신을 했다고 그만둘 필요가 없습니다. 임신 전부터 테니스를 쳤던 제 아내는 임신 28주까지 저와 함께 테니스를 쳤습니다. 임신부의 보호자인 남편이자 산부인과 전문의인 제가 테니스를 쳐도 괜찮다고 말해도 주위에서 항상 걱정 어린 말씀을 하셨죠. 저를 믿고 따라와준 아내 덕분에 주말마다 같이 운동을 하면서 스트레스 해소도 하고 체력을 유지할 수 있었습니다.

운동은 얼마나 해야 할까?

일주일에 5일 이상 보통에서 조금 힘든 정도의 강도로 적어도 20~30분 운동하는 게 좋습니다. 운동 강도는 주관적이라 수치화하기 힘들지만, 숨이 차고 땀이 나지만 옆 사람과 대화를 할 수 있을 정도의 강도가 적절합니다. 스마트워치가 있다면 분당 심박수가 130~140 정도로 유지되고, 150이 넘지 않는지 확인하며 운동하는 게 좋습니다.

임신 전부터 근력 운동을 하셨다면 멈추지 말고 계속하셔도 됩니다. 운동량이 과도하면 자궁 수축이 올 수 있으니 강도 조절을 하시고, 하체보다 상체 근력에 비중을 높이면 출산 후 육아에 큰 도움이 될 겁니다. 근력 운동을 한 경험이 없다면 가벼운 아령이나 루프 밴드를 활용한 운동을 시작해 보세요. PT를 받거나 필라테스를 배우는 것도 좋은 방법입니다.

임신 전에 딱히 하던 운동이 없다면 가벼운 유산소 운동부터 시작해 보세요. 몸이 무거워지기 전인 임신 초기에서 중기부터 시간이 날 때마다 산책하시면 좋습니다. 30분 정도 걸어도 무리가 없다면 빠른 걸음이나 가벼운 조깅도 좋습니다. 뛰는 게 부담스럽고 힘들다면 높지 않은 산을 오르는 것도 방법입니다. 점차 운동 강도를 높여 조금은 숨이 차고 땀이 흐를 정도는 되어야 유산소 운동의 효과가 있습니다.

몸이 무거워져 무릎이나 허리 통증으로 힘들면 실내 자전거나 수영을 추천합니다. 물속에서는 관절의 무리 없이 안전하게 유산소 운동을 할 수 있습니다. 물에 몸을 담그더라도 질 안쪽으로는 들어가지 않으니 걱정하지 않으셔도 됩니다.

운동할 때는 혹시 모를 상황에 대비하여 보호자와 함께하는 게 안전합니다. 평소 하던 운동이라도 배가 나오면 무게 중심이 달라져 넘어질 수 있습니다. 갑자기 어지럽거나 응급 상황이 생겼을 때를 대비하여 보호자가 필요합니다. 트레이너가 있다면 임신 사실을 알리고 불편한 자세는 피해야 합니다. 날씨가 덥거나 야외 운동을 할 때 임신 중엔 평소보다 땀이 많이 나 탈수 증상이 올 수 있으니 수분 섭취를 충분히 하시기 바랍니다.

운동을 시작하기 전에는 주치의 선생님과 반드시 상의해 보세요. 현재 임신 상태에서 어떤 운동이 좋을지, 운동 강도와 주의 사항에 대해 자세히 설명을 듣고 시작하는 게 안전합니다.

임신 중 어떤 운동을 하는 게 좋을까?

복싱, 축구, 농구처럼 몸끼리 부딪히거나 스키, 실외 자전거, 서핑처럼 넘어질 위험이 있는 운동은 피하세요. 스쿠버다이빙은 저산소증의 위험이 있고 잠수 중 임신부의 생리적 변화가 태아에게 어떠한 영향을 미치는지 알려진 게 없어 추천하지 않습니다. 스카이다이빙은 낙하할 때 충격과 급격한 기압의 변화로 위험할 수 있어 임신 중엔 금기입니다. 일반적인 요가나 필라테스는 임신 중에 해도 되는 추천 운동이지만, 핫요가나 핫필라테스는 체온 상승으로 태아에게 영향을 미칠 수 있어 피해야 합니다.

대부분의 라켓 운동은 사람이 붐비지 않고 부딪힐 위험이 없어 비교적 안전하지만, 과격한 행동이나 갑작스러운 방향 전환은 위험할 수 있으니 즐기는 정도로 하시면 좋습니다. 임신 중 해도 되는 운동과 피해야 하는 운동을 다음과 같이 정리해 보았습니다.

- 임신 중 안전한 운동: 걷기, 수영, 실내 자전거, 요가, 필라테스, 조깅, 달리기, 라켓을 활용한 운동, 근력 운동
- 임신 중 피해야 하는 운동: 아이스하키, 축구, 농구, 복싱, 스키, 스노우보드, 수상스키, 서핑, 실외자전거, 승마, 스쿠버다이빙, 스카이다이빙, 핫요가, 핫필라테스

임신 전부터 알고 있던 심장이나 폐 질환으로 호흡곤란, 흉통이 있고 혈압 등이 불안정한 상태에서는 운동하면 안 됩니다. 인슐린으로

도 혈당 조절이 잘 안 되는 당뇨나 조절되지 않는 고혈압이 있으면 운동은 금기입니다. 심한 빈혈로 저혈압이나 어지럼증으로 넘어질 위험이 있다면 빈혈을 치료한 후에 운동하셔야 합니다.

조산의 위험이 있는 분도 포함됩니다. 자궁 경부 무력증 진단을 받거나 자궁 경부가 많이 짧아져 자궁 경부 원형 결찰술을 받은 경우, 조기 진통으로 치료를 받는 중 양막 파수가 된 경우, 출혈이 멈추지 않고 계속되는 분은 운동하시면 안 됩니다. 임신성 고혈압, 전치태반, 자궁내 성장 제한으로 태아가 잘 자라지 않고 상태가 좋지 않은 경우도 운동은 금기입니다. 쌍둥이 이상의 다태아 임신부는 운동 전 주치의 선생님과 충분히 상의를 하시기 바랍니다.

임신 중에 운동하면 안 되는 경우는 입원 중이거나 신체 증상이 있어 운동하기 어려운 상태인 분들이 대부분입니다. 그렇더라도 침대에 가만히 누워만 있는 건 바람직하지 않습니다. 집안일이나 집에서 움직이는 정도의 활동은 하시는 게 좋고, 입원 중이라면 주치의 선생님과 상의해서 가볍게 걷는 정도의 신체 활동을 해야 혈전증과 근감소증을 예방할 수 있습니다.

운동을 하면 자궁 수축이 생길 수 있습니다. 저절로 좋아지는 경우가 대부분이니 걱정하지 않으셔도 됩니다. 아프지 않고 불규칙한 수축이 잠깐 왔다가 사라지면 운동을 계속 해도 괜찮습니다. 강도가 세지거나 수축이 계속 생긴다면 잠시 휴식을 취하세요. 운동이 조기수축이나 조산의 원인이 되지는 않으니 걱정하지 마세요.

만약 출혈이 생겼다면 운동을 멈춰야 합니다. 평소에는 괜찮다가 운동할 때만 출혈이 생긴다면 자궁 경부가 약해졌거나 용종이 원인일 수 있습니다. 속옷에 묻는 정도로 많지 않은 출혈이 생겼다가 저절로 멈췄다면 운동을 조금 쉬시고 다음 진료 때 검진 받는 걸 추천합니다. 출혈은 아니지만 물처럼 흐르는 분비물이 나오면 양수일 수 있으니 진료가 필요합니다. 심한 두통, 어지럼증, 호흡곤란이 생기면 운동을 멈추고 병원에 가시는 게 좋습니다.

운동하면 안 되는 일부를 제외한 나머지 임신부는 꼭 운동하셔야 합니다. 안전을 위해 혼자보다는 남편, 가족과 꼭 같이 하세요.

숨이 차지만 옆 사람과 대화할 수 있는 정도의 강도로 유산소 운동과 근력 운동 모두 한번에 30분에서 1시간 이상, 일주일에 5일 이상 하셔야 합니다. 가까운 거리는 걷기, 에스컬레이터나 엘리베이터 대신 계단 이용하기, 텔레비전 볼 때 아령 운동하기처럼 일상에서 가능한 방법이 충분히 있습니다. 지금이라도 늦지 않았으니 자리에서 일어나 몸을 움직이세요.

물은 얼마나
마셔야 좋을까?

핵심 미리보기!

깨끗한 생수를 마시는 게 가장 좋지만, 우유는 체내 수분 공급효과도 좋아 하루에 두 컵 정도는 물 대신 마셔도 괜찮습니다.

한때 '하루 물 2리터 마시기'가 대한민국에 유행했죠. '하루 물 2리터 마시기'는 예전 미국에서 나온 연구 결과를 잘못 해석해서 생긴 큰 오해입니다. 성인이 하루에 필요한 수분 섭취량이 2.5리터라는 내용을 2.5리터 전부를 물로 마셔야 한다고 잘못 해석해서 생긴 오해죠. 하루에 섭취하는 2.5리터 중에는 음식을 통한 섭취량도 포함되어 있습니다. 한국인은 과일과 채소 섭취 비중이 높은 편이어서 식품을 통한 수분 섭취는 1리터가 넘습니다.

이미 음식을 통해 1리터를 넘게 섭취했는데 추가로 물을 2리터 마신다면 오히려 건강에 해로울 수 있습니다. 한꺼번에 많은 물을 마시면 전해질 불균형이 생겨 저나트륨혈증을 일으켜 뇌부종 같은 심각한 질환이 생기기도 하죠. 신장 기능이 떨어졌을 때 과도한 수분 섭취는 신부전증의 원인이 되기도 하며, 간 기능 저하나 심장 기능이 떨어진 경우에도 복수나 폐부종, 전신 부종 같은 합병증이 생길 수 있어 주의가 필요합니다.

건강한 한국 여성이 하루에 마실 물은 1리터 정도면 충분합니다. 임신을 하면 태아의 성장, 양수량 증가, 혈액량 증가에 필요한 추가로 한 컵 정도 더 많은 1.2리터를 마시면 됩니다. 한꺼번에 1.2리터를 다 마시는 것보다 조금씩 자주 나눠서 마시는 게 좋습니다. 밤에 화장실을 자주 간다면 저녁 식사 전까지 마시는 것도 방법입니다.

1.2리터, 꼭 생수로만 마셔야 할까?

그렇다면 1.2리터를 꼭 물로만 마셔야 할까요? 깨끗한 생수가 가장 좋다고는 하지만 1.2리터를 물로만 마시기는 쉽지 않습니다. 그렇다고 음료수나 차, 커피로 물을 대체하긴 어렵습니다. 음료수에 포함된 과당은 혈당을 높이고 살을 찌게 만드는 주범이므로 임신 중 음료수 섭취는 피하세요.

차나 커피에 들어있는 카페인은 이뇨 작용 때문에 수분 섭취용으로 적절하지 않습니다. 탄산음료에도 카페인이 포함된 경우가 많습니다. 카페인이 하루 200밀리그램이 넘지 않는다면 문제가 되지 않지만, 수분 섭취에는 방해가 될 수 있어 카페인이 포함된 음료를 마셨다면 마신 만큼 물을 마시는 게 좋습니다.

① 제로 음료, 괜찮을까?

요즈음 설탕이 없는 제로 음료가 한창 유행입니다. 거의 모든 종류의 탄산음료는 제로로 출시되고, 술도 그 유행을 함께하고 있습니다. 하지만 최근 아스파탐이나 스테비아 같은 인공 감미료가 세계보건기구에서 발암 물질로 분류되면서 주목을 받았습니다. 그럼 다시 설탕이 들어간 음료를 마시는 게 좋을까요? 그렇지 않습니다. 설탕 음료는 제로 음료보다 암 위험도가 10배 이상 증가하기 때문입니다. 여러모로 임신 중에는 탄산음료를 멀리하시기를 추천합니다.

② 착즙 주스는 건강하다?

과일이나 채소를 따로 챙겨서 먹기 힘들어 주스 형태로 만들어 마시기도 합니다. 많은 양을 간편하게 섭취할 수 있어서 건강해지는 느낌이고, SNS에서 인기를 끌며 따라하는 분들이 많습니다.

착즙 주스가 건강에 좋기만 할까요? 과일과 채소를 착즙하는 과정에서 식이섬유가 대부분 걸러지고 파괴되어 당 흡수가 빨라집니다. 그러면 혈당이 급격히 증가하여 당뇨의 위험이 증가하죠. 게다가 주스로 마시면 과일과 채소를 그대로 먹을 때보다 먹는 속도가 빨라서 혈당이 더욱 높아집니다.

달콤한 맛을 위해 과일을 많이 넣으면 당분을 과다 섭취할 가능성이 있고, 과일 착즙 주스는 일반 과일 주스와 당분 함유가 큰 차이 없습니다. 임신 중엔 인슐린 저항성이 올라가고 당뇨에 취약해지는 시기입니다. 건강에 좋은 섬유질 섭취는 못 하고 혈당만 오를 수 있어 채소 그대로, 과일은 껍질째 먹는 게 좋습니다.

③ 우유는 마셔도 될까?

임신부가 우유를 마시면 아기가 아토피에 걸린다는 속설이 있지만, 사실이 아닙니다. 오히려 우유에는 임신부와 태아에게 필요한 영양소가 풍부하게 함유되어 있어 우유 섭취를 적극적으로 추천합니다. 임신 중기 이후는 태아 골격 형성에 필요한 칼슘과 단백질을 추가로 섭취해야 합니다. 칼슘은 하루 700밀리그램 이상 먹는 게 좋은데, 균형 잡힌 식사를 한다면 하루 우유 2잔 정도면 충분합니다. 우유 이외에도 무가당 요거트, 치즈, 뼈째 먹을 수 있는 생선도 칼슘 섭취에 도움이 됩니다.

다만 칼로리가 생각보다 높아 체중 관리가 필요하면 주의가 필요합니다. 우유는 한 잔(200밀리리터)에 120칼로리 정도로 하루 두 잔이면 240칼로리가 되어 임신 중기에 추가로 필요한 열량을 충족해버립니다. 그래서 저는 보통 저지방 우유를 추천합니다. 저지방 우유는 한 잔에 70칼로리 정도이나 단백질과 칼슘, 각종 미네랄은 일반 우유와 차이 없이 들어 있습니다. 저지방이면서 칼슘과 단백질 함량이 높은 우유와 다른 우유에 비해 칼슘이 2배 이상인 고칼슘 우유도 쉽게 찾을 수 있습니다.

④ 카페인이 없는 차는 괜찮다

잎을 건조해서 만든 차에는 대부분 카페인이 들어 있어 물 대신 마시기에 적당하지 않습니다. 녹차, 홍차, 우롱차 등이 대표적입니다. 대신 곡물로 만든 보리차나 현미차는 카페인이 없고 특유의 맛이 있어 생수 대용으로 마시기에 적합합니다. 대신 곡류차는 상하기 쉬우니 꼭 냉장 보관을 해야 하며 냉장고에 넣었어도 5일 내로 마시는 게 좋습니다. 꽃잎으로 만든 차도 카페인이 없으나 간혹 독성이 있는 꽃이 있고 알레르기를 유발할 수 있으니 주의해야 합니다.

자궁근종이
임신에 미치는 영향

핵심 미리보기!

자궁근종의 대표적인 증상으로는 월경통, 월경 과다, 빈혈이 있습니다. 근종 제거 수술을 하더라도 재발이 자주 생겨 정기적으로 진료받는 게 좋습니다.

자궁에 생기는 혹인 '자궁근종'은 없는 사람을 찾기 힘들 정도로 흔합니다. 산부인과 수술 중에서 자궁근종 치료를 위한 수술이 가장 많은 부분을 차지할 겁니다. 전체 여성의 80퍼센트에서 자궁근종이 발견되는데, 증상이 없는 경우가 많아 나머지 20퍼센트에는 발견되지 못한 근종이 더 있을 수 있습니다.

자궁근종이란?

자궁은 근육으로 만들어진 장기입니다. 수많은 근육 섬유 중의 하나가 변이를 일으켜 동그랗게 생긴 혹을 만들면 자궁근종으로 커질 수 있습니다. 자궁근종은 암이 아닌 양성 종양으로 크기가 작거나 중상이 없으면 치료할 필요가 없습니다. 크기가 너무 커지거나, 증상이 생겼을 때, 위치가 좋지 않을 때는 치료해야 합니다.

월경통, 월경 과다, 빈혈이 대표적인 자궁근종 관련 증상으로 약물 치료로도 효과가 없다면 수술을 해야 합니다. 근종 제거 수술을 하더라도 폐경 전에는 재발이 자주 생기는 편이라 정기적인 관찰이 필요합니다.

자궁근종은 아래와 같이 크게 '근층내 근종', '점막하 근종', '장막하 근종'으로 나눌 수 있습니다. 근층내 근종은 자궁근종의 80퍼센트를 차지합니다. 자궁근층 내 깊숙이 위치하며, 생리량을 증가시키지만 대부분 자각 증상이 없습니다. 점막하 자궁근종은 자궁근종의 5퍼센트를 차지하고, 착상에 방해가 될 수 있어 임신 전 발견이 되면 제거

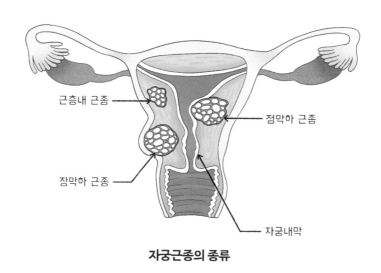

자궁근종의 종류

하는 편입니다. 장막하 근종은 자궁근종의 15퍼센트를 차지합니다. 자궁을 덮고 있는 복막 아래 발생하며, 간혹 근종이 늘어져 줄기를 형성하기도 합니다. 대부분 자각 증상이 없습니다.

임신을 확인하기 위해 산부인과에 방문해서 근종이 있다는 사실을 알게 되는 분이 많습니다. 말 그대로 '혹 붙이고 온 기분'이라 괜히 찝찝하고 불안하기도 합니다. 임신 때문에 근종이 생긴 건 아닌지 걱정되기도 하죠.

왜 임신 중에 근종을 발견하는 경우가 많을까요? 아마 평소 산부인과 검진을 잘 받지 않아서 근종이 있었는데 몰랐거나, 임신 후 작은 근종이 커져서 발견될 수도 있습니다. 근종이 아주 작을 때는 초음파에서 잘 보이지 않다가 1년 사이에도 2~3센티미터 정도 커져서 초음파에서 발견되는 거죠.

없던 근종이 임신한 뒤 생기는 게 아니라 여성 호르몬의 영향으로 평소 작아서 모르고 지냈던 근종이 평소보다 더 빠르게 커지는 경우가 있어 발견되는 것뿐입니다. 임신 후 자궁근종이 다 커지는 건 아니고, 40퍼센트에서만 크기가 커지고 30퍼센트 정도는 크기 변화가 없으며 30퍼센트는 크기가 줄어들기도 합니다.

근종 수술 후에는 무조건 제왕절개를 해야 할까?

근종이 자궁 경부에 위치하면서 크기가 커서 산도를 막아 제왕절개를 해야 되는 경우가 아주 드물게 있습니다. 이런 경우를 제외하고 다행히도 근종 자체가 임신에 미치는 영향은 미미합니다.

임신 중기에 접어들면서 자궁근종이 급격히 커지는 경우, 근종으로 가는 혈류가 부족해져서 2차 변성(적색 변성)이 생기기도 합니다. 변성이 태아에게 미치는 영향은 없지만, 근종 부위 통증이 심하고 미열이 생기기도 합니다. 이때 통증은 조기 진통과 다르게 근종이 있는 부위를 중심으로 아프고, 그 부위를 누르면 통증이 심해집니다. 타이레놀 같은 진통제로 통증을 조절할 수 있으며, 중기가 지나면 증상은 대부분 사라집니다.

제왕절개를 하면서 근종을 제거해달라고 부탁하시는 분도 계시지만, 제왕절개를 하면서 근종 수술은 하지 않는 게 원칙입니다. 임신 중인 자궁은 크기가 커지고 혈류가 많은 상태로, 근종 수술을 하다가 과다 출혈이 생겨 수혈을 해야 할 수도 있고, 지혈이 되지 않으면 자궁 절제술을 해야 할 때도 있습니다.

자궁근종 치료는 무조건 수술이 답이 아닙니다. 출산 후 2~3개월이 지나면 자궁이 작아지면서 근종도 크기가 줄어들어 수술할 필요 없을 수 있기 때문에 분만 후에 정기 검진으로 추적관찰을 합니다.

임신 전에 자궁 근육층을 절개 후 봉합 수술한 적이 있는 분은 진통 과정에서 봉합한 부위가 파열될 수 있어 제왕절개를 권유합니다. 제왕절개술과 자궁근종 절제술이 자궁 근육층을 절개하는 대표적인 수술이며, 근종의 위치와 모양에 따라 자궁근종 절제술 방법이 달라집니다. 근층내 자궁근종, 장막하 자궁근종은 자궁 근육을 절개한 뒤 봉합해야 하지만, 혹부리영감 혹처럼 대롱대롱 매달려 있는 유경성 근종은 근육층 절개 없이 혹만 뗄 수 있어서 자연 분만을 시도할 수 있습니다. 자궁 내막 쪽으로 자라나는 점막하 자궁근종 수술은 자궁경으로 혹만 제거하는 수술이 가능하여 역시 자연 분만을 해 볼 수 있습니다.

자궁근종 수술을 하고 나면 환자에게 추후 분만 방법에 관해 이야기해드리는 게 순서입니다. 수술 기록지에도 "추후 제왕절개가 필요함"이라고 작성하죠. 예전에 자궁근종 수술을 받았는데 기억이 잘 나지 않는다면 수술받은 병원에 가서 수술 기록지를 발급받으시는 게 가장 정확합니다. 만약 임신부가 수술 기록지를 발급받기 어려운 상황이고 어떤 수술을 받았는지 기억나지 않으면 제왕절개를 하는 게 안전합니다.

자궁근종과 자궁선근종

자궁선근종은 근종만큼 흔하지는 않지만 이름과 증상이 비슷해 헷갈리기 쉽습니다. 그렇다면 자궁근종과 자궁선근종은 어떤 차이가 있을까요? 다음에 나오는 그림을 참고하여 비교해 보겠습니다.

자궁선근종은 자궁 내막 조직이 비정상적으로 자궁근층으로 파고들어 자궁 전체 크기가 커지는 게 특징입니다. 심하면 임신한 것처럼 배에서 만져질 정도로 커지기도 하고, 빈혈을 동반하는 생리 과다와 생리통이 대표적인 증상입니다. 드물게 근종처럼 국소적으로 자궁근층 일부만 커지는 경우도 있습니다.

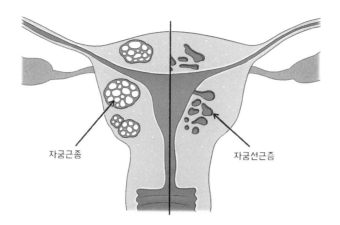

자궁근종과 자궁선근종의 차이

자궁선근종은 난임의 원인이 되기도 하지만 치료가 어렵습니다. 근
종처럼 일부만 잘라내기가 어렵기 때문에 자궁 절제술이 확실한 방법
입니다. 수술 전에 자궁선근종이 진행하는 것을 늦추기 위해 호르몬
치료를 해 보기도 합니다.

변비 때문에
힘들다면

핵심 미리보기!

변비의 원인이 되는 운동, 수분 섭취, 섬유질 섭취 문제를 해결했는데도 좋아지지 않는다면 약물 치료를 시도해 보세요.

변비는 남성보다 여성이 더 많이 겪는 증상입니다. 여성 호르몬의 영향도 있고 식습관과 운동 같은 생활 습관의 차이도 있습니다. 안 그래도 평소에 변비가 있던 여성은 임신하고 나면 증상이 더 심해지기도 하고, 변비가 새로 생기기도 합니다.

일주일에 3회 미만으로 대변을 보는 경우, 즉 간격이 3일 이상이면 변비라고 진단합니다. 거의 매일 화장실을 가긴 하지만 변이 딱딱해서 힘을 많이 줘야 하고 시원하게 잘 나오지 않는 경우도 변비에 해당합니다. 본인은 매일 화장실에 가서 변비가 아니라고 생각하지만 변비인 분도많습니다.

변비는 제때 치료하는 게 중요하다

임신 중에는 운동량이 감소하고, 자궁이 커져서 장 운동에 방해가 되어 변비가 잘 생깁니다. 원래 변비가 있던 사람이라면 증상이 더 심각해집니다. 임신 초기 입덧으로 음식 섭취량이 줄어들고 섬유질을 적게 먹으니 변비에 취약해질 수밖에 없죠. 임신 중기 이후부터는 섭취해야 할 수분량이 하루에 200밀리리터씩 늘어나는데, 수분 섭취를 충분히 하지 않으면 변이 딱딱해지기 쉽습니다. 또한 20주 이후 먹기 시작하는 철분제 때문에 없던 변비가 생기기도 합니다.

배가 많이 나와서 대변을 볼 때 배에 힘을 주기가 어려워지는 것도 변비를 심하게 만듭니다. 변비가 오래 지속되면 소화 불량, 식욕 부진이 생길 수 있고 우울증의 원인이 되기도 합니다. 딱딱한 변이 나오면서 항문에 통증이 생기거나 출혈이 나면, 화장실 가는 게 두려워지고 대변 보는 간격이 길어지면서 변비가 심해지는 악순환에 빠지겠죠. 장에 건강한 생활 습관과 적절한 치료가 가장 중요합니다.

치료를 시작하기 전, 변비가 왜 생겼는지 스스로 생각해볼 필요가 있습니다. 다음과 같은 질문을 스스로에게 해보세요.

'하루 30분 이상, 일주일에 5번 이상 운동을 하고 있는가?'
'하루에 물 1.2리터를 마시고 있는가?'
'채소와 과일 같은 섬유질을 충분히 먹고 있는가?'

만약 다음과 같은 질문에 답을 하기 어렵다면 나의 습관을 바로잡아야 할 때입니다. 변비 치료 시기를 놓치면 복통, 구토, 식욕 저하는 물론, 변기에 앉아 있는 시간이 길어지면서 치핵(치질)까지 생길 수 있습니다.

변비 치료의 모든 것

변비를 해결할 수 있는 가장 쉬운 방법은 생활 습관 개선입니다. 운동, 수분 섭취, 섬유질 섭취 중 부족한 게 있다면 그것부터 해결해야 하죠. 만약 생활 습관을 고쳐도 변비가 해결되지 않는다면 혼자 끙끙 앓지 마시고, 치료를 받아야 합니다.

'변비 치료' 하면 아마도 푸룬(건자두)주스를 가장 먼저 떠올릴 겁니다. 물론 푸룬주스를 마시고 변비가 좋아진다면 좋은 방법이 될 수 있지만 당이 많이 들어 있어 지속적으로 마시면 혈당 상승의 원인이 될 수 있습니다.

그렇다면 임신 중 변비약을 먹어도 괜찮을까요? 마그네슘이 포함된 변비 약은 임신 중 먹어도 안전합니다. 변비 약을 복용하다 좋아졌다고 바로 끊어버리면 다시 변비가 오기 쉽습니다. 설사나 복통이 없다면 꾸준히 복용하고, 불편한 증상이 생기면 횟수나 용량을 줄여나가는 게 좋습니다. 마그네슘은 철분제의 흡수를 방해해서 철분제 복용과 두 시간 이상 간격을 두고 복용하세요.

지용성 변비 약이나 자극성 변비 약은 탈수를 유발할 수 있어 임신 중엔 처방하지 않습니다. 임신 중에 관장 역시 잘 시행하지 않는 방법입니다. 철분제 때문에 변비가 생겼다면 제형을 바꿔볼 수 있습니다.
액상 철분제는 소화기 장애가 적어 주치의 선생님과 상의 후 복용해
보기를 추천합니다.

피부가 간지러워서
잠을 못 잘 때

핵심 미리보기!

임신 중기가 되면 기미가 심해지고, 튼살, 가려움증, 탈모 증상이 심해지기 때문에 스트레스가 이만저만이 아니죠. 무조건 참기보다는 상황에 맞는 적절한 치료가 필요합니다.

임신부들이 가장 많이 받는 스트레스가 외모 변화일 겁니다. 그중 피부 변화에 굉장히 예민할 수밖에 없습니다. 얼굴에는 기미가 심해지고, 몸통엔 튼살, 온몸이 가려워 잠을 못 자는 등 불편한 증상들이 많이 생기죠. 이러한 변화에 대한 정확한 정보보다는 불안하고 불편한 마음을 악용한 제품 광고들만 넘쳐납니다. 임신과 관련된 피부 질환에 대해 알아보겠습니다.

① 가려움증

임신 관련 피부 질환 중 가장 흔하고 불편한 증상이 가려움증입니다. 초음파를 보려고 배를 봤는데 손톱으로 긁어 피가 난 흔적을 보고 증상을 알게 된 경우가 많습니다. 임신 중에 피부과 약은 먹지 못해 참아야 한다고 생각하고 혼자 고생하고 계셨죠.

'임신성 소양증'이 가장 흔한 원인입니다. 배와 허벅지 피부가 빨갛게 변하고 두드러기 같은 빨간 반점이 부풀어 오르면서 엄청 가렵습니다. 원인은 잘 모르지만 임신 중에만 나타나는 증상으로, 출산 후 며칠 이내에 대부분 사라지고 태아에게 미치는 영향은 없습니다. 얼굴이나 손에는 잘 생기지 않으며, 보습제를 잘 바르고 항히스타민제를 복용하면 곧 괜찮아집니다. 보습제가 효과가 없다면 스테로이드 연고를 사용해 보시고 아주 심할 때는 경구 스테로이드를 단기간 사용할 수 있습니다.

다른 원인으로는 '임신 중 간내 담즙정체'가 드물게 있습니다. 임신 중 여성 호르몬의 변화로 간에서 만들어진 소화를 돕는 담즙이 장으로 배출되지 않고 혈액에 정체되는 현상입니다. 임신성 소양증과는 다르게 손과 발에 병변이 나타나고 10퍼센트 정도에서는 황달이 보이기도 합니다. 혈액 검사로 담즙산이 증가되어 있으면 진단하고 우루사(UDCA)로 치료하면 증상이 좋아집니다. 임신부의 담즙산이 높으면 태아에게 악영향이 있을 수 있어 치료를 잘 받으셔야 합니다.

임신 전 앓고 있던 '아토피'가 심해지는 분도 있습니다. 피부가 거칠어지면서 갈라지고 가려운 증상이 기존 아토피와 비슷하고 관절이 접히는 부분에 주로 생깁니다. 치료는 임신성 소양증과 같이 충분한 보습과 항히스타민제 복용, 스테로이드 연고를 발라 증상을 조절하고 심한 경우는 경구 스테로이드제나 면역억제제가 필요할 수 있습니다.

② 튼살

피부 관련 스트레스 중 튼살이 가장 클 겁니다. 생기는 원인은 정확히 밝혀지지는 않았지만, 살이 갑자기 찔 때에도 튼살이 생기는 것과 같이 자궁이 급격하게 커지면서 배 주위 피부와 지방이 축적되는 허벅지와 가슴에도 생깁니다. 임신 중에 체중이 많이 늘면 더 잘 생기겠죠. 처음에는 붉은 띠가 생기고 가려움증이 동반됩니다. 시간이 지나면 은색에 가까운 하얀색으로 변하고 출산 후에도 잘 없어지지 않습니다.

임신으로 인한 튼살을 효과적으로 예방하고 치료하는 방법은 아직 딱히 없습니다. 이런 점을 이용해 근거가 없는 민간요법이나 튼살 크림을 광고하기도 하지만 안타깝게도 효과가 별로 없습니다.

임신 중기 이후 배가 나오기 시작할 때 체중 관리를 잘하는 게 근본적인 예방법이 될 수 있습니다. 튼살이 생기기 전부터 오일과 로션으로 보습을 잘 해주는 것도 방법인데, 이때 값비싼 오일이나 튼살 크림을 반드시 쓸 필요는 없습니다. 튼살로 인한 스트레스가 너무 심하다면 출산 후 피부과에 방문해서 레이저 시술도 생각해 보세요. 사람마다 피부의 탄력이 다르듯, 어떤 사람은 튼살이 생기지 않고 어떤 사람은 심할 수 있습니다.

③ 탈모

임신 중 호르몬 변화로 출산 후 탈모가 생길 수 있습니다. 정상적으로 모발은 성장 주기를 가지고 발모와 탈모를 반복합니다. 2~7년 동안 모발이 성장(성장기)했다가 2~3주간 유지 및 퇴화(퇴행기)를 겪은 다음 3~4개월 동안 퇴화된 머리카락이 빠집니다(휴지기).

임신 중에는 여성 호르몬의 영향으로 성장기가 길어져서 퇴행기로 넘어가지 않다 보니 머리카락이 새로 생기고 자라기는 하지만 잘 빠지지 않는 상태가 됩니다. 그러다 출산하게 되면 여성 호르몬이 정상화되면서 빠지지 않고 버티던 머리카락이 한꺼번에 빠지면서 '산욕기 탈모'를 겪습니다. 10개월 동안 빠졌어야 하는 머리카락이 한꺼번에 빠지다 보니 많은 분들이 놀라죠. 산욕기 탈모는 자연스러운 현상으로 1년 이내에 저절로 회복됩니다. 1년이 지나도 탈모가 계속된다면 심한 스트레스와 다이어트 같은 다른 원인을 찾아봐야 합니다.

④ 기미

임신 중 여성 호르몬 분비가 늘어나면서 멜라닌 색소가 증가하여 광대뼈 주변에 어두운 반점이 생깁니다. 임신 전에 있던 기미가 색이 진해지거나 새로 생기기도 합니다. 임신으로 인한 기미를 완벽하게 예방하는 방법은 없지만, 자외선차단제를 잘 바르면 심해지는 걸 막을 수 있고, 출산 후 1~2개월 내에 저절로 좋아집니다.

5장

"걱정이
많아졌어요"

임신성 당뇨,
그것이 알고 싶다

↓

> **핵심 미리보기!**
>
> 임신 초기에 공복혈당이 120 이상으로 높은 경우는 자연 유산과 기형아 발생률이 증가합니다. 임신성 당뇨를 예방하기 위한 방법은 건강한 식습관, 운동, 체중 관리입니다.

임신성 당뇨 검사가 임신 중에 하는 검사 중에 가장 긴장되는 검사일 겁니다. 임신성 당뇨에 걸리면 아이 낳기 전까지 식이 조절을 해야 하는 불편감과 아이한테 문제가 생기지 않을지에 대한 걱정이 크기 때문입니다. 검사 과정이 길고 불편하기까지 하죠. 임신성 당뇨에 대해 자세히 다루려면 책 한 권을 써야 할 정도로 내용이 많고 어려우므로 꼭 알아야 할 내용만 정리해 보겠습니다.

임신을 하면 평소보다 공복 혈당은 떨어지고 식후 혈당이 올라갑니다. '인슐린 저항성'이 올라가서 우리 몸의 세포에서 인슐린을 효율적으로 사용하지 못하게 되어 식후 혈당이 올라가는데, 식후 혈당을 어느 정도 유지해서 태아에게 당을 안정적으로 공급하기 위한 신체의 변화입니다. 이런 인슐린 저항성의 증가 때문에 성인병 중 하나인 2형 당뇨와 같은 임신성 당뇨가 생길 수 있습니다. 여기서 인슐린 저항성이라는 개념을 잘 기억해 두시기 바랍니다.

임신성 당뇨, 미리 알고 준비하자

임신 24~28주 사이에 임신성 당뇨 검사를 해야 합니다. 임신 전에 당뇨병을 진단받은 적 없는 사람이 임신 20주 이후에 고혈당이 처음 발견된 경우 임신성 당뇨로 진단합니다. 20주 이전에 혈당이 높다면 임신성 당뇨가 아니라 그냥 당뇨병으로 진단하죠.

검사 방법은 1단계 방법과 2단계 방법이 있는데 병원마다 선호하는 방법으로 진행합니다. 1단계 방법은 '75그램 경구 당 부하 검사'로 8시간 이상 금식 후 공복 혈당, 당 75그램 시약을 먹고 1시간, 2시간 혈당 총 3번의 채혈을 한 뒤에 1개라도 기준을 넘으면 임신성 당뇨로 바로 진단합니다. 2단계 방법은 공복 상관없이 '50그램 경구 당 부하 검사(선별 검사)'를 먼저 해서 기준을 넘지 않으면 통과, 넘으면 다른 날 8시간 이상 금식 후 '100그램 경구 당 부하 검사(확진 검사)'를 통해 진단합니다.

1단계 방법은 한 번만 검사해도 된다는 장점이 있지만, 모두가 금식을 해야 하고 두 시간 넘게 병원에서 기다리면서 3번 채혈해야 하는 단점이 있습니다. 2단계 방법은 선별 검사에서 결과가 높게 나오면 확진 검사를 위해 다른 날 다시 병원에 방문해야 하는 단점이 있지만,

임신 중기 미리보기

공복을 오래 유지할 필요가 없고 한 번만 채혈해도 되고 선별 검사에서 통과되는 경우가 많다는 장점이 있습니다.

2단계 방법 중 50그램 검사를 할 때 정말 금식을 안 해도 되는지에 대한 질문을 많이 받습니다. 금식이 필요 없는 검사이긴 하지만, 검사 직전에 식사하고 오시면 곤란합니다. 보통 두 시간 전부터는 생수만 마시고 오라고 안내합니다.

임신부끼리 어떻게 하면 혈당이 낮게 나올 수 있는지 방법에 대해 공유하기도 합니다. 시약을 덜 먹거나, 검사를 기다리면서 걸어 다니는 등의 방법으로 혈당을 낮추는 방법이죠. 하지만 임신성 당뇨 진단을 놓치면 태아에게 더 안 좋은 결과가 생길 수 있습니다. 올바르지 않은 방법으로 혈당이 낮게 나온다고 임신성 당뇨에 걸리지 않는 게 아닙니다. 임신성 당뇨 검사는 정확한 검사 결과를 확인하는 게 가장 중요합니다.

임신성 당뇨, 운동과 식이 조절이 해답이다

임신성 당뇨는 분만 후에 정상으로 돌아갑니다. 임신 중에는 식이 조절과 운동으로 혈당을 높지 않게 유지하는 게 가장 중요합니다. 식이 조절과 운동을 통해 공복 혈당은 95 미만, 식후 2시간 혈당은 120 미만을 목표로 조절해야 합니다. 식이 조절과 운동으로 혈당 조절이 잘 안 된다면 인슐린 치료를 고려해야 합니다. 임신성 당뇨에서는 경구 당뇨약은 잘 처방하지 않습니다.

섭취 열량 중 탄수화물을 40~50퍼센트, 단백질 20퍼센트, 지방 30~40퍼센트 정도의 비율로 식단을 구성하는 게 바람직합니다. 탄수화물은 혈당 지수(GI)가 낮은 식품으로 고르세요.

혈당 지수는 음식을 섭취한 뒤 혈당이 상승하는 속도를 0에서부터 100까지 수치로 나타낸 것으로 실제로 사람에게 실험하여 구한 수치입니다. 혈당 지수가 55 이하는 낮은 식품, 70 이상은 높은 식품입니다. 혈당 지수가 높은 식품을 먹으면 혈당이 빠르게 올라가고 인슐린이 과잉 분비되어 당이 지방으로 빠르게 축적되고 저혈당이 와서 금방 배고픔을 느낍니다.

운동 역시 당연히 중요합니다. 유산소 운동 단독보다는 근력 운동을 병행해야 합니다. 근력 운동을 통해 근육량이 증가해야 임신성 당뇨의 원인인 인슐린 저항성을 낮출 수 있습니다. 인슐린 치료 중이라면 저혈당의 위험이 있으니 주치의 선생님과 상의 후에 운동하세요.

자가 혈당 측정의 원칙은 아침 공복과 식후 2시간 3회, 즉 하루 4번 측정하는 것입니다. 당뇨 수첩에 수기로 적는 게 불편하다면 혈당 기록 애플리케이션을 활용하는 것도 좋은 방법입니다. 혈당 관리가 잘된다면 주치의 선생님과 상의하여 빈도를 줄일 수 있습니다. 평소 집에서 혈당을 측정할 수 있도록 혈당 측정기를 갖추면 좋은데, 지원해주는 지자체도 있으니 확인하시기 바랍니다.

최근 '연속 혈당 측정기'가 유행입니다. 연속 혈당 측정기는 혈액을 직접 채취하지 않고 세포 간질액의 당을 측정하는 방법이라 정확한 혈당을 측정하기 어렵습니다. 24시간 대략적인 혈당 흐름을 보는 목적으로 개발되었기 때문에 임신성 당뇨에서 정확한 혈당 측정 용도로 사용하는 데에는 한계가 있습니다. 인슐린을 사용하고 있는데 조절이 잘 안 되고 저혈당이 반복되는 분에게는 제한적으로 사용해 볼 수 있습니다.

거대아, 괜찮지 않다

임신 초기에 공복혈당이 120 이상으로 혈당이 높은 경우는 자연 유산과 기형아 발생이 증가합니다. 임신 중기와 후기에 혈당이 높게 유지되면 조산이 증가하고 최악의 경우 사산할 수도 있습니다. 태아 성장 장애가 발생해 거대아가 나오거나 거꾸로 잘 자라지 못해 자궁 내 성장 지연이 생기기도 합니다.

1980년대까지만 해도 '우량아 선발대회'가 존재했습니다. 개월 수가 같은 아이들 중 상대적으로 큰 아이를 뽑는 대회였습니다. 이때부터 몸무게가 많이 나가는 아기가 건강하다는 오해가 시작되었습니다. 그래서 그런지 거대아에 대해서는 오히려 관대한 느낌입니다.

고혈당으로 인한 거대아는 체중에 비해 어깨와 복부 지방이 많아 난산이 발생할 수 있고 제왕절개율 또한 증가합니다. 어깨 난산은 자연 분만할 때 생기는 문제 중 가장 무서운 합병증 중 하나입니다. 머리는 나왔는데 어깨가 나오지 않는 경우로, 제왕절개를 할 수 없을 때는 아기의 쇄골을 골절시키는 방법을 쓰기도 합니다.

혈당 관리가 안 된 임신부에서 태어난 아이는 나중에 자라서 비만과 당뇨의 위험도가 증가하고 장기적으로 관찰했을 때 인지 발달 장애가 있다는 연구도 있습니다. 또한 태어나자마자 저혈당이 생겨 신생아 중환자실 입원이 필요할 수 있으며 임신 초기 혈당 조절이 불량하면 선천적 기형의 위험이 큽니다. 임신 중 혈당 관리를 잘 하면 이런 문제를 줄일 수 있습니다.

거대아는 건강한 아이가 절대로 아닙니다. 우리는 영양 과잉을 걱정해야 하는 시대에 살고 있습니다.

또한 혈당 관리가 잘 안 되는데 혈압까지 상승하면 자간전증으로 진행될 가능성이 높아지고, 자간전증 합병증이 동반될 위험이 커집니다. 혈당이 높으면 감염에 취약해져 임신 중 각종 감염병에 걸리기 쉽고 분만 후 회음부나 수술 부위 감염이 잘 생깁니다.

임신성 당뇨가 있어도 자연 분만을 할 수 있다

식이 조절과 운동으로 혈당이 목표 안에서 잘 관리되었고 태아가 크거나 작지 않게 잘 자라고 있다면 분만 시기와 방법은 일반 산모와 같습니다.

인슐린 치료를 한다면 38~39주 사이에 유도 분만을 하거나 제왕절개를 하게 됩니다. 임신성 당뇨가 있다고 무조건 제왕절개를 하지는 않습니다. 산부인과 교과서에서도 임신성 당뇨가 있고 태아가 4.5킬로그램이 넘을 것으로 예상될 때는 제왕절개를 고려하라고 되어 있습니다.

임신성 당뇨는 분만 후 정상으로 돌아옵니다. 그런데도 임신성 당뇨가 있던 분은 산후 검진 때 당뇨 검사인 75그램 경구 당 부하 검사를 시행해야 합니다. 이는 임신성 당뇨가 아니라 원래 당뇨병이 있었던 것은 아닌지 확인하는 검사입니다. 산후 검진에서 정상이 나왔더라도 3년마다 혈당 검사를 해야 하는데, 임신성 당뇨에 진단되었던 사람 중 50퍼센트는 분만 후 20년 이내 당뇨에 진단되기 때문입니다. 또한 다음 임신 때 절반이 재발하게 되어 임신 초기에 당뇨 검사를 받아야 합니다.

임신성 당뇨가 있던 분은 당뇨뿐만 아니라 심혈관 질환, 대사증후군(고지혈증, 고혈압, 복부 비만)의 위험도가 높습니다. 따라서 출산을 했으니 '임당 끝! 마음껏 먹고 즐기자!'가 아니라 체중관리와 식이 조절, 운동을 더욱 열심히 해야 합니다.

혹시 임신성 당뇨를 겪으신 분이 나중에 당뇨병에 진단되면 임신 탓을 하지는 않았으면 좋겠습니다. 임신성 당뇨는 임신이라는 신체적인 부하(인슐린 저항성 증가)가 원인입니다. 임신성 당뇨에 걸렸다는 건 본인 체질이 인슐린 저항성에 민감하다는 의미입니다. 건강 관리를 잘 하지 않는다면 결국엔 언젠간 당뇨에 진단될 가능성이 큰 체질인 거죠.

아이를 낳았다고 끝이 아닙니다. 엄마로서의 인생의 시작입니다. 지금부터 건강한 식습관, 운동, 체중 관리에 신경 쓰세요. 혹시 임신성 당뇨에 진단되었다고 하더라도 너무 낙심하지 마세요. 지금까지 알려드린 방법으로 관리를 철저히 하면 다시 좋아질 수 있으니까요.

임신 중독증,
미리 알고 대비하기

핵심 미리보기!

산부인과 정기 검진을 갈 때마다 혈압과 소변 검사를 하는 이유는 임신 중독증, 즉 자간전증을 발견하기 위해서입니다. 조금 귀찮더라도 매우 중요한 검사이기 때문에 꼭 받아야 합니다.

가끔 뉴스나 TV에 임신 중독증으로 사망한 사례나 연예인 누군가가 임신 중독증으로 고생했다는 이야기가 나옵니다. 임신 중독증이 무엇인지 모른다면, 술이나 담배에 중독된 것처럼 '임신에 중독된 건가?'라고 생각할 수 있습니다. '중독'의 사전적 의미에는 '술이나 마약 따위를 지나치게 복용한 결과, 그것 없이는 견디지 못하는 병적 상태'도 있지만, '생체가 음식물이나 약물의 독성에 의하여 기능 장애를 일으키는 일'도 있습니다. 임신 중독증은 두 번째 사전적 의미로, 임신으로 인해 신체적 기능에 장애가 생긴 현상을 말합니다.

임신 중독증의 정확한 의학 용어는 '전자간증' 혹은 '자간전증'입니다. 자간전증은 자간증의 전 단계를 의미하고, 자간전증이 있는 임신부가 임신 기간이나 분만 전후에 전신의 경련 발작이나 의식 불명을 일으키는 경우를 자간증이라고 합니다. 자간전증은 전체 임신부의 5~8퍼센트에서 발병하고 초산모에게 많습니다. 출혈과 더불어 임신부 사망에 주요한 원인으로 예방과 조기 발견, 치료와 관리가 중요합니다.

임신부의 혈압이 올라가면 의사는 긴장한다

자간전증의 시작은 임신성 고혈압입니다. 임신성 당뇨처럼 임신 전에는 혈압이 정상이었는데 임신 20주 이후 혈압이 140/90mmHg 이상이면 임신성 고혈압으로 진단합니다. 임신성 고혈압으로 진단되면 절반이 자간전증으로 발전하고, 자간전증은 경련 발작을 일으키는 자간증으로 언제든지 진행될 수 있습니다. 자간증은 임신부와 태아 모두 합병증이 발생할 수 있을 뿐더러 임신부의 모든 장기에 손상이 생길 수 있고 장애가 발생할 수 있습니다.

한 방송인의 부인도 자간전증으로 34주에 조산하였고 신장 기능이 떨어져 투석하다가 신장 이식수술까지 받았다고 합니다. 자간전증은 후유증도 무섭지만 심각하게 진행될 때까지 아무런 증상이 없는 게 가장 두렵습니다. 그리고 진행이 언제 어떻게 될지 예측이 어려운 것도 문제입니다.

임신성 고혈압이 있는 상태에서 '단백뇨'가 나오거나, 단백뇨가 없더라도 혈액 검사에서 혈소판감소증, 신장 수치나 간 수치 상승, 진통제로는 조절되지 않는 두통, 뿌옇게 보이는 시야장애, 경련, 영상 검사에서 폐부종이 발견되는 증상 중 하나만 있어도 자간전증으로 진단합니다. 신경학적 증상과 폐부종이 심한 경우를 제외하고는 증상이 없습니다.

자간전증에서 혈압이 160/110mmHg 이상으로 상승하거나 혈액 검사와 증상이 심해지면 중증 자간전증으로 진단하고, 자간증으로 진행할 가능성이 굉장히 높은 상태라고 할 수 있습니다.

임신성 고혈압과 자간전증의 진단 기준은 정말 중요하기 때문에 그 내용을 다음과 같이 한 번 더 정리해 보았습니다.

- 임신성 고혈압 진단 기준: 임신 전에는 혈압이 정상이었는데 임신 20주 이후 혈압이 140/90mmHg 이상인 경우
- 자간전증 진단 기준: 임신성 고혈압 + 단백뇨 또는 혈소판 감소 또는 신 기능 감소 또는 간 기능 감소(간 수치 두 배 이상 상승) 또는 신경학적 증상(두통, 시야장애, 경련) 또는 폐부종

자간증으로의 발전이 자간전증의 가장 큰 합병증이라고 볼 수 있습니다. 경련 발작이 발생하면 그동안 저산소증에 빠지고, 그러면 태아의 뇌에 영구적인 장애가 생기거나 사산 가능성이 생깁니다. 자간증은 혈압이 굉장히 높아진 상태로 임신부의 뇌출혈, 간 혈관 출혈 등을 유발해 사망하는 경우가 발생합니다.

자간증까지 진행하지 않더라도 자간전증의 임신부는 태반 기능이

약해져 있어 양수과소중과 자궁 내 성장 지연으로 분만 후 신생아 중환자실로 가는 경우가 있습니다. 또한 초응급 상황인 태반조기박리가 발생할 수 있고 폐 부종으로 인해 호흡곤란이 생기거나 간이나 신장 기능이 떨어지는 합병증이 생길 수 있어 단순히 혈압만 높아지는 것이 아니라 임신부 전신 그리고 태아까지 영향을 미치는 질환입니다.

자간전증은 분만으로 치료해야 한다

자간전증의 가장 좋은 치료는 분만입니다. 분만을 해야 모든 게 해결되는데, 언제 분만을 하느냐가 가장 중요한 문제입니다. 자간전증으로 진단이 되기도 전에 경련을 일으켜 바로 자간증인 상태로 진단되는 경우도 드물게 있지만, 대부분은 '임신성 고혈압 → 자간전증 → 중증 자간전증 → 자간증'의 순서로 진행됩니다.

임신부의 혈압이 높아지면 혈압을 자주 측정하고 단백뇨 등 다른 이상이 없는지 확인합니다. 가능하다면 집에서도 혈압을 측정하고 기록하게 교육하죠. 혈액 검사도 정기적으로 해서 자간전증으로 진행하지 않는지 확인합니다.

자간전증이긴 하지만 혈압이 아주 높지 않거나 진행이 빠르지 않고 태아가 잘 큰다면 만삭 이후에 분만을 계획할 수 있습니다. 반면 37주가 되기 전에 진행이 빨라 언제 자간증으로 진행될지 모르는 상황이면 조산일지라도 분만을 계획합니다.

중증 자간전증이 의심되거나 진단되면 신생아 중환자실이 있는 대학병원으로 입원 치료를 하도록 권고합니다. 중증 자간전증에서 혈압이 160/110mmHg을 넘으면 혈압을 낮추기 위해 고혈압약을 투여하고 혈액 검사를 더 자주 시행하며 태아의 상태를 면밀히 관찰합니다. 또한 경련 발작을 예방하는 마그네슘을 투여합니다. 분만하고도 혈압이 한동안 높을 수 있고 경련 발작을 할 수도 있어서 분만 후 24시간 동안 마그네슘 투여를 유지합니다.

자간전증을 미리 알고 예방할 수 있을까?

자간전증은 분만을 제외하고는 근본적인 치료가 없으므로 최대한 빨리 발견해서 진행을 최대한 늦추는 방법이 계속 연구되고 있습니다. 저용량 아스피린을 복용하면 자간전증과 태아의 자궁 내 성장 지연을 예방한다는 연구 결과가 있어 자간전증 고위험군에게 아스피린을 처방하기도 합니다. 최근에는 자간전증 고위험군에게 자간전증 진단에 도움이 되는 혈액 검사도 개발되었지만, 혈압과 단백뇨를 정기적으로 측정하는 게 가장 보편적인 방법입니다.

규칙적인 운동으로 자간전증을 예방할 수 있다는 연구 결과가 많습니다. 임신 중 운동의 중요성을 강조하는 근거가 계속해서 나오고 있죠. 거의 모든 임신 관련 합병증뿐만 아니라 거의 모든 질병은 운동으로 어느 정도 예방할 수 있습니다. 저염식이 자간전증을 예방하는 데 도움이 되는지는 논란의 여지가 있습니다. 하지만 고염식보다는 저염식이 건강에 좋은 게 사실입니다.

초산모, 35세 이상 고령 임신, 비만(BMI 30 이상), 다태아 임신, 당뇨, 고혈압, 이전 임신 때 전자간증 기왕력, 난임 시술로 임신된 경우가 모두 자간전증의 고위험군에 해당됩니다. 이 중에서 우리가 직접 자간전증의 위험을 낮출 수 있는 방법은 체중 관리입니다. 꾸준한 운동과 식이 조절로 정상 체중을 유지하면 됩니다. 지금이라도 일어나서 운동하세요!

양수는
어떻게 만들어질까?

자궁 안의 태아가 양수 속에서 자란다는 사실은 모두가 알고 있습니다. 그런데 양수가 어떻게 만들어지는지, 양수에도 이상이 생길 수 있는지 알고 있는 분은 그렇게 많지 않은 것 같습니다. 양수는 태아 성장에 굉장히 중요하고 양수에 문제가 생기면 태아에게 안 좋은 영향을 끼칠 수 있다는 사실을 알아두셔야 합니다.

양수는 무엇으로 만들어졌을까?

임신 초기 아기집에도 양수가 있습니다. 이때는 임신부의 혈장에서 생긴 체액으로 만들어집니다. 임신 13주가 지나면서 태아의 콩팥은 소변을 만들어 내기 시작합니다. 15주 이후 소변량이 늘면 태아의 소변이 양수의 대부분을 차지합니다. 즉, 양수는 바로 아기의 소변이라고 할 수 있죠.

소변이라고 하면 지저분하다고 생각할 수 있지만 양수는 아기를 보호하고 있는 세상에서 가장 깨끗한 물입니다. 양수는 외부 충격으로부터 태아를 보호하고, 양수가 있어서 움직일 수 있는 공간이 생겨 태아의 근골격계 발달을 돕습니다. 양수 안에 있는 성분은 폐와 장 발달에 필요하며, 양수의 면역 세포들이 세균 증식을 억제해 감염으로부터 보호해 줍니다.

양수는 임신 10주 30밀리리터에서 시작해서 임신 34주에 800밀리리터 정도까지 양이 늘어나다가 만삭 때까지 조금씩 줄어듭니다. 자궁의 모양이 완벽한 동그라미 모양이 아니고 태아가 양수 속에 있어서 정확한 양수량을 측정할 수는 없지만, 초음파로 양수량을 예측하는 두 가지 방법은 다음과 같습니다.

- 양수 지수(AFI) 구하기: 배꼽을 기준으로 배를 네 군데로 나눠서 각각 양수의 깊이를 측정한 뒤 모두 더해서 양수 지수를 구합니다. 5~24 사이가 정상입니다.
- 양수의 깊이(SDP) 구하기: 가장 깊은 곳을 찾아 양수의 깊이를 구하는 방법이 있고 2~8센티미터 사이가 정상입니다.

양수가 부족할 때 생기는 일

초음파에서 양수 지수가 5보다 작거나, 양수의 깊이가 2센티미터

미만이면 '양수 과소증'으로 진단합니다. 양수가 줄어드는 원인은 다양한데, 바로 전 진료 때는 충분했던 양수가 갑자기 줄어들었다면 양막이 파열되어 양수가 새는 건 아닌지부터 확인합니다. 양막 파수가 아니라면 태아가 양수를 적게 만들어서, 즉 소변을 적게 보면 양수가 줄어듭니다.

태아가 소변을 적게 보는 이유는 콩팥에서 소변 자체를 적게 만들거나, 소변이 나오는 길이 막힌 경우로 나눌 수 있습니다. 처음부터 콩팥이 만들어지지 않았거나 요관이나 방광에 해부학적인 기형이 원인이면 소변이 나오지 못해 13~15주부터 양수가 없어집니다.

태아는 태반에서 수분과 영양을 공급받는데, 태반의 기능이 떨어져 혈류가 줄어들면 태아의 소변이 줄어듭니다. 심할 때는 성장 장애가 동반되기도 합니다. 성인도 잘 못 먹고 몸 상태가 나쁘면 탈수 상태에 빠져 소변량이 급격히 줄어들죠. 그래서 양수의 양을 확인하는 과정은 태아의 몸무게와 더불어 아기의 상태를 확인할 수 있는 중요한 지표입니다.

만삭에는 태아가 자궁 안의 대부분을 차지하면서 양수량이 자연스럽게 줄어드는데, 몸무게는 잘 크고 있지만 양수 과소증으로 진단되면 임신을 유지하는 것보다 분만하는 게 아이에게 유리하기 때문에 진통을 기다리지 않고 유도 분만이나 제왕절개를 하게 됩니다.

양수 과소증을 치료하기 위해서는 우선 양수량이 줄어든 원인을 찾아야 합니다. 태반 기능 저하의 원인으로 자궁 내 성장 지연과 양수 과소증이 동반되는 경우가 많습니다. 태아의 몸무게, 태동 검사와 탯줄 혈류 도플러 검사를 통해 아기의 건강 상태를 확인합니다. 아기가 배 속에서 힘들어하는 모습을 보이면 분만을 계획합니다.

이론적으로 임신부가 탈수 상태에 빠지면 태반의 혈류가 줄어들어 태아의 소변량이 줄어들 수 있습니다. 평소에도 이미 물을 충분히 마시고 있다면 물을 더 많이 마시는 건 양수량을 늘리는 데 큰 효과가 없습니다. 탈수가 되지 않도록 하루 1.2리터 정도의 물을 마시는 정도면 충분하고, 과도한 수분 섭취는 전해질 이상, 콩팥 기능 저하, 부종을 초래할 수 있어 바람직하지 않습니다.

양수 과다증과 양막 파열

양수 지수가 25, 혹은 양수의 깊이가 8센티미터를 넘으면 '양수 과다증'으로 진단합니다. '양수가 많으면 좋은 게 아닌가?'라고 생각할 수도 있지만, 과유불급이라는 말이 있죠. 양수도 많으면 원인을 찾고 치료를 해야 합니다.

태아가 소변을 너무 많이 보거나, 만든 것만큼 흡수를 못 하면 양수가 많아집니다. 임신부가 당뇨에 진단되어 혈당이 높으면 태아의 혈당도 높아지고, 그러면 태아는 당뇨의 증상으로 소변을 많이 봅니다. 또한 소변량은 정상인데 양수를 잘 삼키지 못하거나 장에서 흡수를 못 하면 양수량이 증가합니다.

양수량이 너무 많으면 자궁이 지나치게 팽창해 진통이 생기거나 양막 파열이 되어 양수가 샐 수 있어 정기적으로 양수를 빼내야 할 수도 있습니다.

임신 중기 이후에는 질 분비물이 늘어서 양수가 새는 게 아닌지 확인하러 오시기도 합니다. 검진 결과 양수라고 보기 어렵고 초음파에서 양수량이 충분하다면 단순히 질 분비물이 늘었다고 보고 안심시킨 뒤 집으로 보내드립니다.

양수가 새는 것은 결국 양막이 파열된 것이기 때문에 쉽게 알아차릴 수 있습니다. 대부분 물풍선이 빵 터지듯 갑작스럽게 묽고 따뜻한 액체가 무의식적으로 흐릅니다. 소변이 새는 것과 느낌이 다르고 중간에 멈추지 않습니다. 진통이 생기지 않아도 양막이 터질 수 있으며, 양수가 샌다고 곧바로 진통이 생기거나 아이가 바로 나오는 것도 아닙니다.

그런데 물풍선에 테이프를 붙이고 바늘로 찌르면 빵 터지지 않고 물이 조금씩 새는 것처럼, 양막도 그렇게 파열될 수 있습니다. 만약 양수 과소증이 있었다면 구분이 더욱 어려워집니다.

양수가 새는 게 맞는지 정확하게 확인하려면 질경으로 검진을 해야 합니다. 임신부에게 기침을 하도록 시켜서 자궁 경부에서 양수가 나오는 걸 확인하거나 질 내에 양수가 고여 있는지 봅니다. 양수는 알칼리성을 띠고 있어서 노란색 니트라진 종이에 묻히면 파란색으로 변하기 때문에 바로 확인할 수 있습니다. 고여 있는 양수가 적거나 혈액이 섞여 있으면 니트라진 검사가 어려울 때가 있어, 좀 더 정확한 '암니슈어 검사'를 하기도 합니다.

양막 파열은 주수에 따라 처치가 달라집니다. 37주가 넘은 만삭에는 진통이 오기를 기다려보다가 진통이 생기지 않으면 감염의 위험이 있어 유도 분만을 시작합니다. 37주 이전이라면 태아의 폐 성숙을 위해 폐 성숙 주사를 맞고, 항생제 투여를 하면서 37주 이후까지 임신 유지를 위해 노력합니다. 항생제를 투여 중인데도 자궁 내 감염이 의심되면 분만해야 하고, 수축억제제를 사용하는데도 진통이 멈추지 않으면 분만을 하게 됩니다.

18~25주, 태동이
느껴지는 시기

핵심 미리보기!

만삭에 가까워진다고 해도 태아의 움직임을 모두 다 느낄 수는 없습니다. 걷거나 잠을 자거나, 활발한 활동을 할 때처럼 다른 것에 집중하다 보면 태동이 적다고 느껴질 수 있죠.

태아는 임신 7주 정도가 되면 꿈틀거리기 시작합니다. 1센티미터 정도로 딱 젤리 곰 크기의 작은 아기가 움직이려고 최선을 다하는 모습을 보고 있으면 제 아기는 아니지만 가슴이 뭉클해집니다.

다음에 나오는 그래프를 참고해 볼까요? 임신부가 느끼는 태동은 사람마다 차이가 있는데, 빠르면 18주에서 늦으면 25주가 되어서 느끼기 시작합니다. 20주 초반은 아무래도 태아가 작을 때라 태동이 약해서 장이 움직이는 느낌과 비슷하게 느껴지고, 30주에 가까워질수록 옆구리가 아파서 자다가 깰 정도로 태동이 강해집니다.

태동의 횟수는 임신 32주 정도를 기점으로 떨어집니다. 만삭에 가

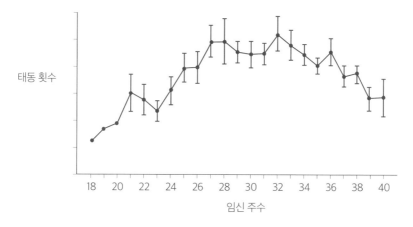

임신 주수별 태동 횟수

까워지면서 아기가 커지고 양수도 조금씩 줄어들어 움직일 만한 공간이 줄어들기 때문입니다.

오늘따라 태동이 느껴지지 않는다면

만삭에 가까워진다고 해도 태아의 움직임을 모두 다 느낄 수 없죠. 만약 아기의 움직임을 다 느끼면 피곤해서 일상생활이 힘들지도 모릅니다. 걷거나 잠을 자거나 활발한 활동을 할 때처럼 다른 일에 집중하다 보면 태동이 적게 느껴질 수 있습니다. 만삭에 가까운 시기의 태아는 20분 정도 조용히 있다가 40분은 활발하게 움직이는 주기를 보이는데, 한 시간 간격으로 자다 깨기를 반복하기 때문입니다.

오늘따라 태동이 적게 느껴진다면 한 시간 정도 배에 손을 얹어놓고 잠시 쉬어보세요. 한 시간 사이에 아기도 한 번은 일어나 움직일 테고 배로 잘 느껴지지 않던 태동을 손으로는 확인할 수도 있습니다.

쉬면서 태동이 잘 느껴지면 안심하고 일상으로 복귀하시고, 한 시간 넘게 충분히 쉬었는데도 태동이 없다면 병원에 가서 초음파와 태동 검사를 해 보는 게 좋습니다.

태동 검사는 무슨 검사일까?

태동을 잘 느끼고 있는데 태동 검사를 받으라는 말을 들으면 의문이 생길 수 있습니다. 검사 시간도 30분 정도 걸린다는데, 무슨 검사길래 해야 할까요?

태동 검사의 원래 이름은 '비수축 검사' 혹은 '비자극 검사'입니다. 자궁 수축이라는 자극이 없는 상태에서 태아의 심박수를 측정하는 검사입니다. 짧으면 20분에서 길면 한 시간까지 검사를 하기도 합니다. 심박수가 상승했다 회복하는 모습을 보이면 정상입니다.

만약 성인이 안정을 취한 상태에서 20분 정도 심박수를 측정하면 거의 일정하게 나올 겁니다. 하지만 태아는 20분 정도 자고 일어나 40분은 깨어 있는 수면 주기가 있어서 노는 시간에 몸을 잘 움직이고 그때 심박수가 잘 상승하는지를 확인합니다.

태아가 저산소증 같은 힘든 상황에 있다면 심박수 변화가 거의 없거나 오히려 떨어지는 모습이 보입니다. 이런 양상은 자궁 내 성장 지연, 양수 과소증 같이 태아 컨디션이 떨어지는 상황에서 잘 나타납니다. 그래서 자간전증이나 임신성 당뇨가 있는 분들에게는 비수축 검사를 더 자주 해서 아기가 잘 있는지 확인해야 합니다.

일상생활 속
궁금증

핵심 미리보기!

임신과 관련하여 인터넷에 근거 없이 떠돌아다니는 내용을 다 믿어서는 안됩니다.

평상시에는 걱정 없이 하던 행동도 임신하고 나니 아이에게 괜찮은지 궁금해지는 건 당연합니다. 답답한 마음에 인터넷에 검색해 보면 다소 부정적인 이야기가 많아 불안해지기도 하죠. 하지만 인터넷에 근거 없이 떠돌아다니는 내용을 다 믿지는 마세요. 제가 진료실에서 예비 엄마아빠에게 자주 듣는 질문과 그 답을 정리해 보았습니다.

① 10분 내외의 반신욕은 괜찮다

배가 나오기 시작하니까 다리도 붓고 허리도 아파서 따뜻한 물속에 들어가고 싶다는 생각이 들 수 있습니다. 임신 중기에는 36~37도 정도의 체온과 비슷한 온도에 10분 내외의 통목욕이나 반신욕은 괜찮습니다. 입욕제 같은 목욕 용품을 사용하서도 괜찮습니다.

하지만 임신 초기, 특히 8주 이전에는 태아의 신경이 발달하는 시기로 임신부가 목욕뿐만 아니라 전기장판, 사우나처럼 체온이 올라가는 행위는 하지 않는 게 좋습니다. 임신 후기는 안 그래도 배가 많이 나와 두근거리거나 숨찬 증상이 있는데, 따뜻한 물에 들어가 있으면 혈관이 확장해 증상이 심해지거나 어지러울 수 있어 주의가 필요합니다.

통목욕과 반신욕은 괜찮다고 해도 대중 목욕탕은 되도록 가지 않는게 좋습니다. 코로나가 유행할 때 대중 목욕탕을 가장 먼저 폐쇄했을만큼 목욕탕은 감염병 전파가 잘 일어나는 곳입니다.

목욕할 때 욕조나 바닥이 미끄러워 위험할 수 있으니 미끄럼 방지테이프나 슬리퍼를 활용하서서 넘어지지 않게 조심하세요. 따뜻한 물에 들어가 있다가 갑자기 나오면 핑 도는 느낌을 받을 수 있는데, 임신 중에는 더 심해집니다. 천천히 일어나시면 어지럼증을 예방할 수 있습니다. 또한 목욕을 너무 자주 하면 피부가 더욱 건조해집니다. 임신 중 피부 가려움증이 있다면 목욕보다는 가볍게 샤워한 뒤 보습제를 충분히 발라주세요.

② 미용실 갈 때는 압박 스타킹 신기

염색약이나 파마 약의 성분이 임신과 태아에 미치는 영향은 없습니다. 초기부터 후기까지 아무 때나 해도 괜찮습니다. 다만 임신 초기에는 미용실 냄새나 약품의 냄새가 입덧 증상을 심하게 만들 수 있어서 입덧이 지나가고 하시면 좋습니다.

임신 후기가 되면 배가 많이 나와 오래 앉아 있기가 힘듭니다. 시간이 오래 걸리는 시술은 배가 많이 나오기 전에 하면 좋겠죠. 한 가지 팁을 드리자면 미용실에 갈 때 압박 스타킹을 꼭 신고 가세요. 같은 자세로 오래 앉아 있으면 혈전증의 위험이 올라가는데, 압박 스타킹을 신으면 혈전증을 예방할 수 있고, 부종도 덜 생깁니다.

③ 임신 후기에는 네일아트 지우기

산부인과 의사 입장에서는 분만이나 응급 수술을 하러 온 환자가 네일아트를 하고 있으면 정말 난감합니다. 산소포화도와 심박수 측정 기구를 손가락에 끼워야 하는데 네일아트가 있으면 측정되지 않습니다. 특히 젤 형태나 장식을 많이 붙인 경우는 제거하기가 쉽지 않죠. 임신 중엔 언제 어떤 응급 상황이 생길지 모릅니다. 그래도 손톱을 꾸미고 싶으시다면, 아세톤으로 지우기 쉬운 제품을 사용해 주세요.

임신 후기에는 네일아트를 아예 지우라고 말씀드리고 싶습니다. 언제든지 진통이 생길 수 있습니다. 손톱이 길거나 장식에 아기가 다칠 수 있고, 손을 자주 씻게 되어 망가져도 아기가 나오면 관리 받으러 갈 시간이 별로 없습니다. 손발톱을 적당한 길이로 청결하게 유지하는 게 가장 좋습니다.

④ 성관계는 안전하게

조기 진통이나 전치태반과 같은 임신 관련 합병증이 없다면 임신 주수와 관계없이 성관계를 해도 괜찮습니다. 편안한 자세로, 편안한 분위기에서 하세요. 수축이나 배가 아픈 증상이 생기면 즉시 멈춰야 합니다. 질염을 예방하기 위해 콘돔을 반드시 착용하시고 구강성교는 질염과 공기색전증을 유발할 수 있으니 하지 마세요.

⑤ 치과 치료는 필수

임신 중에 거의 모든 치과 치료는 받아도 됩니다. 국소마취도 걱정되어 통증을 참아가며 발치하는 분도 봤습니다. 국소마취는 말 그대로 마취약이 국소적으로만 작용하기 때문에 태아에게 안전합니다. 항생제와 진통제 역시 먹어도 됩니다. 스케일링은 말할 것도 없이 안전하며 임신 중에는 꼭 받으라고 추천합니다. 치과에서 사용하는 엑스레이는 방사선 조사량이 적어 임신 중에도 안전합니다.

임신 중 치주염이 조산의 원인이 되기도 합니다. 치주염 예방과 치료를 위해 증상이 없더라도 임신 전에 치과 진료를 꼭 받으세요.

⑥ 임신 중기가 여행 가기 제일 좋은 이유

저는 시간의 여유만 있다면 아기가 나오기 전에 여행을 꼭 다녀오라고 말합니다. 아기가 태어나고 나면 적어도 2년 동안은 여행을 꿈도 못 꾸게 되는 것 같습니다. 멀리 가지 못하더라도 집에서 잠시 떠나 여유로운 시간을 보내고 오면 소중한 추억이 될 겁니다.

임신 중기가 가장 가기 좋은 시기로, 입덧이 끝나서 맛있는 음식도 즐길 수 있고 움직이는 데에도 그렇게 큰 지장이 없습니다. 만삭일 때는 배가 많이 나와 힘들기도 하고 언제든지 진통이 시작되거나 양막이 파열될 수 있어 만삭이 되기 전에 여행 가는 걸 추천합니다.

어디로 어떤 여행을 가더라도 가장 중요한 건 첫째도 안전, 둘째도 안전입니다. 혹시 모를 상황에 대비하여 여행지 근처에 언제든지 방문할 수 있는 산부인과를 지도에 저장해 놓고 가세요. 갑자기 수축이 올 수 있고 장염이나 감기에 걸려 병원 진료를 보게 될 수 있습니다. 여행 전 다니던 병원에서 영문 소견서를 받아서 들고 가면 더 좋겠죠.

⑦ 여행 중 조심해야 할 것들

임신 중 혈전증을 조심해야 한다는 사실은 여러 번 말씀드렸습니다. 그만큼 위험하기도 하고 충분히 예방할 수 있기 때문입니다. 수시로 움직이는 것과 압박 스타킹 두 가지로 예방할 수 있습니다. 어떤 교통수단을 이용하든 같은 자세로 오래 있으면 혈전이 생길 수 있습니다. 혈전은 종아리부터 허벅지 정맥에서 가장 많이 생기므로 허벅지까지 올라오는 압박 스타킹을 착용하세요.

자동차를 탄다면 한두 시간 간격으로 휴게소에 내려서 스트레칭도 하고 화장실도 다녀오세요. 비행기를 탄다면 적어도 두 시간에 한 번씩 일어나 복도를 걷고 스트레칭하는 게 좋습니다. 앉아 있을 때 발목을 굽혔다 펴는 운동도 도움이 됩니다. 비행시간이 8시간이 넘어가면 '이코노미 클래스 증후군'이 가장 많이 발생한다고 하니 비행 시간을 고려해서 여행지를 골라 보세요.

2016년 임신부가 '지카 바이러스'에 걸리면 태아에게 소두증이 생긴다고 하여 떠들썩했던 적이 있습니다. 코로나가 유행하면서 지카 바이러스에 대한 경각심이 줄어들기는 했지만, 여행 국가를 고를 때 참고해 주세요. 뎅기열이나 말라리아 같은 풍토병이 있는 나라도 있고, 최근 발생해서 유행중인 감염병이 있는 나라도 있으니 확인 후 여행지를 고르시기 바랍니다. 해외감염병 NOW홈페이지(http://해외감염병 now.kr/)에 들어가서서 방문하려는 나라를 검색하면 손쉽게 알 수 있습니다.

⑧ 안전벨트는 필수

자동차에 탈 때는 안전벨트부터 착용해야 합니다. 배가 나와 불편하다고 안전벨트를 안 하는 분이 있는데, 절대로 그러면 안 됩니다. 가벼운 접촉 사고로도 태아에게 큰 문제가 생길 수 있습니다. 교통사고로 배가 부딪치면 태반조기박리의 위험이 있습니다. 태반조기박리란 태아가 분만되기도 전에 태반이 자궁에서 먼저 분리되는 것으로, 태아에게 굉장히 위험한 상황이며 임신부도 쇼크가 발생해 심각한 상태에 빠질 수 있습니다.

승용차에 있는 3점식 벨트를 할 때는 아래쪽 벨트를 배 아래로 위치시키고 위쪽 벨트는 가슴 사이를 지나가게 착용하면 됩니다. 비행기나 버스에 있는 2점식 벨트는 배 아래쪽에 위치하게 착용하세요.

조산의 60퍼센트는
원인을 알 수 없다

$\downarrow$

핵심 미리보기!

조산의 대부분은 원인을 알 수 없습니다. 원인을 아는 경우에는 자궁 내 감염, 다태아 임신과 임신성 당뇨, 자간전증 등의 임신 관련 합병증과 관련이 있습니다.

조산에 대한 걱정을 하지 않는 임신부는 없을 겁니다. 주위에 조산으로 분만한 분들을 많이 봤고, 임신 중기에 접어들면서 배가 자주 뭉치다 보니 혹시 나도 조산으로 이어지지는 않을지 걱정스럽죠.

37주가 넘어서 분만을 하면 만삭이라고 하며, 20주에서 36주 6일 사이에 분만하면 조산입니다. 의학이 발전하면서 다른 질병들은 예방과 치료가 활발히 이루어지고 있지만, 조산은 점점 발생률이 증가하고 있습니다. 2012년에는 전체 출생아 중 6.3퍼센트가 조산이었는데 2022년은 9.8퍼센트로 10년 사이에 3퍼센트가 넘게 증가했습니다. 또한 신생아 수는 절반이 되었지만, 이른둥이는 최근에 오히려 늘어나고 있습니다.

조산의 원인은 무엇일까?

조기 진통에 대한 치료나 만삭 전 조기 양막 파열로 치료를 받는 분들은 대부분이 조산의 위험이 있습니다. 만약 기존 병원에 신생아를 치료할 수 있는 시설이 없다면, 신생아 중환자실 치료가 가능한 병원으로 옮겨야 합니다.

<u>조산의 60퍼센트는 원인 미상입니다. 365일 24시간 쉬지 않고 열심히 치료해 보지만 조산을 막기는 정말 어렵습니다.</u> 알 수 없는 이유로 조기 진통이 생기거나 만삭 전 조기 양막 파열로 분만을 하죠. 자궁 내 감염이 생겨 조산으로 이어진 경우(25퍼센트 정도)가 그다음으로 많습니다.

또한 우리나라에서 조산 비중이 높아지는 이유는 다태아 증가가 큰 부분을 차지합니다. 2022년 우리나라 다태아 신생아 중 67.7퍼센트가 이른둥이입니다. 임신을 계획하는 나이가 높아지면서 난임 환자가 늘어나서 난임 시술로 인한 다태아 임신이 많아지고 조산도 덩달아 늘어나는 것으로 보입니다.

임신성 당뇨나 자간전증 같은 임신 관련 합병증도 조산의 중요한 원인이며 태아에게 기형이 있을 때 빨리 태어나기도 합니다. 이전 임신 때 조산을 했다면 조산의 위험이 3배 정도 증가합니다. 이전 임신과의 간격이 18개월보다 짧거나 59개월보다 길면 조산과 저체중아 출생이 많다는 연구도 있습니다.

마지막으로 흡연도 조산의 원인입니다. 임신부의 흡연뿐만 아니라 배우자의 흡연으로 간접 흡연도 조산의 원인이 될 수 있습니다.

조산을 예방하는 방법은 없을까?

병의 원인을 알아야 예방을 하는데, 조산은 원인을 모르는 경우가 더 많아 예방과 치료가 어렵습니다. 다태아 임신과 같은 원인은 교정하기 어려운 부분이기도 합니다. 그래도 위에 말씀드린 조산의 원인 중에 조금이나마 예방 가능한 방법들을 소개해 드리겠습니다.

① 질염을 조심하자

자궁 내 감염을 줄이기 위해 질염을 예방하고 적절한 치료를 받으셔야 합니다. 자궁 내 감염은 세균이 양수 안으로 침투해 염증 반응을 일으키고, 우리 몸은 세균과 염증을 배출하기 위해 자궁 수축이 생기거나 양막이 파열됩니다.

자궁 내 감염은 질염에서 시작할 때가 많습니다. 질염 중에서도 성 매개 질환이 자궁 내 감염을 잘 일으킵니다. 임신 전 성 매개 감염에 대한 검사를 하고 치료가 필요한 성 매개 감염균이 나왔다면 치료를 마친 뒤 임신을 하셔야 합니다. 임신 중에 질 분비물에서 악취가 나거나 분비물 색에 이상이 생기는 것 같은 질염 증상이 있으면 진료를 받아보시고 필요하면 항생제 치료를 해야 합니다.

② 규칙적인 운동과 적절한 영양 섭취

또 운동입니다. 임신 중 운동을 하는 것만으로도 조산율이 감소한다는 연구가 있습니다. 또한 운동과 식이 조절로 적절한 체중을 유지하면 임신 관련 합병증이 감소해서 조산을 예방할 수 있습니다.

③ 주기적인 치과 치료

임신 전에 치주 질환을 치료하면 조산을 예방할 수 있습니다. 임신 전에 치과 진료를 받고 임신 중에 치주 질환이 생기지 않도록 올바르게 양치질하고 치실을 사용하세요. 스케일링도 꼭 받으세요.

④ 자녀 계획은 신중하게

둘째나 셋째를 계획 중이라면 터울이 너무 짧거나 길지 않게 3~4년 사이로 조절하면 좋습니다.

⑤ 조산 병력이 있다면

이전에 조산 병력이 있는 분은 프로게스테론 질정이나 주사로 예방하기도 합니다. 또한 이전 임신 때 자궁 경부 무력증이 있던 분은 재발을 방지하기 위해 다음 임신 12~14주 정도에 자궁 경부 원형 결찰술을 계획합니다. 자궁 경부 무력증이란 임신 중기 때 진통이나 통증 없이 자궁 경부가 열려서 분만한 경우를 말합니다. 만약 임신 중기에 아무런 증상 없이 자궁 경부가 짧아지거나 열렸으면 자궁 경부 원형 결찰술을 시행할 수 있습니다.

조산의 예방 방법을 정리하긴 했지만 예방 효과에 대해 논란이 되는 내용도 있고 병원이나 선생님마다 방법이 다를 수 있습니다. 그만큼 확실하고 효과가 좋은 뚜렷한 방법이 없다는 뜻이라 진료하는 의사로서도 답답한 부분입니다. 조산 대부분이 원인을 알 수 없고, 원인을 알더라도 예방 방법이 없거나 어려운 부분이 많습니다. 그래도 조금이라도 조산을 줄이고 일주일이라도 엄마 배 속에서 클 수 있는 방법이 있다면 최선을 다해봐야겠죠.

조기 진통이
생겼을 때

팔과 다리는 마음대로 움직이지만 자궁은 마음대로 움직이지 못합니다. 팔다리에 있는 근육들은 내가 움직이고 싶을 때 원하는 강도로 수축할 수 있는 '수의근'이고, 자궁의 근육은 자신의 의지대로 수축을 조절할 수 없는 '불수의근'이기 때문입니다.

자궁의 근육은 자율신경계와 호르몬의 영향을 받습니다. 신체적으로 무리했거나 심리적인 긴장 상태가 되면 자궁 근육이 수축과 이완을 반복할 수 있습니다. 자궁 근육이 커지면 근육 섬유가 당겨지면서 수축이 생기기도 합니다. 배가 나오기 시작하는 임신 중기에 배 뭉침이 자주 생기는 이유입니다.

이러한 배 뭉침은 자연스러운 현상으로 하루에 한두 번부터 많게는

10~20회 생기기도 하며, 대부분 저절로 사라지고 분만으로 이어지지 않습니다. 이런 배 뭉침을 흔히 '가진통'이라고 부릅니다.

하지만 이러한 자궁 수축이 규칙적이고 점점 심해진다면 조기 진통을 의심해보게 됩니다. 어떠한 원인이 되었든 대부분의 조산은 조절되지 않는 조기 진통 때문에 생깁니다. 따라서 일반적인 배 뭉침과 조기 진통을 구별하는 게 중요합니다.

가진통과 조기 진통, 어떻게 구별해야 할까?

규칙적인 자궁 수축이 시간이 지나도 좋아지지 않는다면 조기 진통입니다. 이것이 가진통과 구별되는 중요한 차이입니다. 한 시간에 한 번이나 하루에 한 번 정도가 아니라, 한 시간에 8회 이상 반복적으로 수축해야 규칙적이라고 말합니다.

배가 조금 뭉친다고 바로 병원에 가지 마시고 편안한 자세로 쉬면서 수축 시간을 한 시간 정도 기록해 보세요. 한 시간에 한두 번 배가 뭉친다면 병원에 가지 않으셔도 괜찮습니다. 규칙적인 수축이 있어도 어느 정도 시간이 지나니 간격이 길어지거나 사라졌다면 병원에 가지 않으셔도 됩니다. 하지만 5~10분 간격의 규칙적인 수축이 멈추지 않고 지속된다면 병원에 꼭 가서야 합니다. 이 방법을 잘 알고 있으면 병원에 가는 횟수를 줄일 수 있을 겁니다.

진통이 생겼을 때 자궁 수축의 지속 시간은 1분을 잘 넘지 않습니다. 간혹 배가 한 시간 넘게 계속 뭉쳐 있는 게 걱정되어 병원에 오시는 분이 있습니다. 그런데 병원에 오는 길에 수축이 사라지고 좋아져서 간단한 검사를 하고 집으로 가시는 경우가 많습니다.

이렇게 배 뭉침이 조금 길게 유지되더라도 휴식을 취하다 보면 대부분 수축이 풀리고 좋아지니 큰 걱정은 안 하셔도 됩니다. 대신에 자궁 수축이 길게 있으면서 출혈이 동반되거나 평소 느끼던 수축과는 다른 심한 통증이 있다면 가진통이 아니라 다른 원인이 있을 수 있어서 병원에 가보시는 게 좋습니다.

배가 너무 뭉쳐서 병원에 방문한다면 우선 태아가 잘 있는지 초음파로 확인합니다. 양수량도 괜찮고 아기도 잘 움직이고 있다면 질식 초음파로 자궁 경부 길이가 짧아지진 않았는지 측정합니다. 만약 자궁 경부 길이가 짧다면 자궁 경부가 열리지는 않았는지 내진으로 확인합니다.

그리고 수축 검사를 하며 수축이 몇 분 간격으로 있는지, 수축의 강도는 어떤지 관찰하는 데 최소 30분 정도에서 2시간이 넘게 할 때도 있습니다. 수축 검사는 비자극 검사(태동 검사)와 같은 방법으로 합니다. 비자극 검사를 할 때보다 수축에 좀 더 집중하죠.

또한 질 분비물을 채취하여 '태아 파이브로넥틴' 검사를 해볼 수 있습니다. 태아 파이브로넥틴은 태아를 싸고 있는 양막과 자궁을 본드처럼 붙여 주고 있는 단백질입니다. 질 분비물에서 파이브로넥틴이 검출되지 않으면 조산의 가능성이 별로 없다고 봅니다. 하지만 파이브로넥틴이 나왔다고 해서 조산의 위험성이 올라가지는 않습니다. 조산의 가능성이 낮은 걸 확인하기 위한 검사입니다.

조기 진통은 치료가 가능할까?

안타깝게도 조산을 완벽히 치료하는 방법은 없습니다. 조기 진통 치료의 목적은 최대한 임신 기간을 연장해 조산을 방지하거나 34주는 지나서 분만할 수 있도록 도와주고, 조산의 진행을 막기 어렵다면 폐 성숙 주사라도 맞을 시간을 벌기 위함입니다. 임신 34주는 되어야 태아의 폐가 성숙되어 신생아 호흡곤란 증후군(RDS)의 위험을 낮출 수 있습니다.

자궁 수축이 규칙적이면 수축억제제를 사용합니다. 수축억제제는 주로 주사약으로 라보파, 마그네슘, 아토시반이 있고, 니페디핀이라는 경구약도 있지만 효과가 크진 않습니다.

보통 라보파라는 약을 가장 우선적으로 투여합니다. 비용도 저렴하고 수축 억제 효과도 좋기 때문입니다. 다만 폐부종이라는 심각한 부작용의 우려가 있어 장시간 사용은 하지 않고, 연속 48~72시간 투여 후 중단한 뒤 조기 진통을 다시 진찰합니다. 가장 흔한 부작용은 심계항진, 부정맥, 손발 떨림, 오심, 두통, 발열이 있고, 혈당을 높이는 효과가 있어 임신성 당뇨 임신부에게는 투여하지 않습니다. 갑상선 기능에 이상이 올 수 있어 갑상선 기능항진증이 있는 임신부에게도 금기입니다.

그리고 황산마그네슘을 사용해 볼 수 있습니다. 황산마그네슘은 조산아의 뇌 손상을 억제하는 효과가 있고, 자간전증에서 경련 발작을 예방하는 효과도 있습니다. 마그네슘은 근육의 수축을 억제하기 때문에 자궁 수축을 줄여줄 것으로 기대하고 투여합니다. 부작용으로 다른 근육들도 수축이 잘 되지 않아 피로감, 심하면 숨 쉬는 것도 힘들어질 수 있습니다. 얼굴이 화끈거리는 열감이나 오심, 구토가 나타나기도 하고, 신장 기능이 떨어지면 혈중 마그네슘 농도가 과도하게 올라가 호흡 억제나 심정지가 발생할 수 있어 주의 깊게 투여합니다.

라보파와 마그네슘을 써보고 수축이 잡히지 않거나, 부작용으로 사용하지 못하면 아토시반을 투여합니다. 다른 수축억제제에 비해 부작용이 적고 수축 억제 효과가 좋지만 그만큼 비싼 약이며 건강보험 기준도 까다롭습니다. 48시간이 한 주기로, 한 주기가 끝나면 사용을 중단하고 경과를 관찰합니다.

자궁 수축억제제를 투여하면 스테로이드 성분의 폐 성숙 주사를 함께 맞습니다. 임신 34주 이전에 태어난 이른둥이는 '신생아 호흡곤란 증후군' 위험이 큽니다. 34주 전에 분만할 가능성이 있다면 폐 성숙 주사를 맞게 되죠. 베타메타손과 덱사메타손 두 가지가 있고 효과나 부작용에는 차이가 없지만, 베타메타손은 24시간 간격으로 2회, 덱사메타손은 12시간 간격으로 4회 맞습니다. 라보파나 아토시반의 한 주기가 48시간이니, 이 시간 동안 폐 성숙 주사를 완료하는 시간을 벌수 있습니다.

수축억제제를 충분히 투여해도 조기 진통이 조절되지 않을 수 있습니다. 조기 진통이 진행하여 분만으로 이어질 가능성이 커지면 신생아 중환자실 치료가 가능한 병원으로 이동하거나, 대학병원에서 진료보던 임신부라도 해당 병원에 신생아 중환자실 자리가 없다면 다른 대학병원으로 가야 할 수도 있죠. 신생아 중환자실에서 치료 중인 아기를 억지로 퇴원시킬 수는 없기 때문입니다.

하지만 조기 진통을 치료하지 않을 때도 있습니다. 조산의 원인을 알 경우의 대부분이 자궁 내 감염입니다. 산부인과 교과서에서는 감염을 확인하기 위해 양수 검사를 하도록 권고하고 실제로 많은 병원에서 양수 검사를 하고 있습니다. 양수 검사를 통해 양수가 감염되었는지 배양 검사를 하고 세균이 검출되면 그 세균에 맞는 항생제 치료를 합니다. 양수 검사를 하지 않았거나 배양 검사 결과가 나오기 전에 미리 항생제 치료를 하는 건 조산 예방에 효과가 없으며 부작용에 대한 우려도 있어 권고하지 않습니다.

양수에서 세균이 배양되어서 그 세균에 맞는 항생제를 투여하는데도 태아의 상태가 나쁘거나 발열이 심해지는 등 감염이 악화한다면 조산이라도 조기 진통 치료를 중단하고 분만을 계획합니다. 아기가 세균이 가득한 양수 안에서 자라는 것보다 빨리 태어나서 인큐베이터에서 자라는 게 더 안전하기 때문입니다. 만삭 전 조기 양막 파열일 때도 자궁 내 감염이 악화된 사실이 확인되면 임신을 더 이상 유지하지 않고 분만을 계획합니다.

배가 자주 당기는 이유

임신 초기부터 설명하기 어려운 느낌으로 아랫배 불편감이 시작됩니다. 생리통처럼 아픈 것도 아니고, 보통 콕콕 쑤시는 느낌이라고 표현합니다. 임신 초기에 이런 불편감은 자연스러운 증상 중 하나입니다. 15주를 지나 배가 나오기 시작하면서 평소 느끼지 못하던 불편함이 시작됩니다. 아래 그림과 같이 해당 부위에 통증이 심하게 느껴지죠. 배가 당기는데 자궁 위치가 아니라 자궁 수축은 아닌 것 같고, 자려고 누우면 아파서 잠들기도 힘들어 참다 참다 병원을 찾습니다.

이러한 통증은 자궁을 양쪽에서 잡고 있던 원형 인대가 늘어나면서 생기는 통증입니다. 임신 전에는 주먹만 하던 자궁이 멜론 정도 크기로 커지면 원형 인대도 늘어나기 시작합니다. 서 있거나 앉아 있을 때는 자궁이 아래로 내려가 있어서 통증이 덜한데, 누우면 자궁이 위쪽으로 쏠리면서 인대가 더 늘어납니다. 그래서 낮에 생활할 때는 잘 모르다가 저녁에 자려고 누우면 심해집니다.

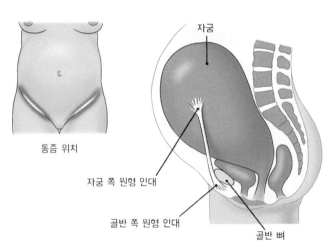

원형 인대가 늘어나면서 생기는 통증 위치

양쪽 골반이 다 아프기도 하지만 특히 한쪽이 더 아픈 분도 있습니다. 원형 인대 통증은 태아에게 미치는 영향은 없고 시간이 지나면 저절로 없어집니다. 통증이 심하면 참지 말고 타이레놀을 먹으면 효과가 좋은 편입니다.

허리 디스크가 있거나 허리가 안 좋았다면 배가 나오면서 허리 통증이 악화될 수 있습니다. 체중이 늘고 자궁이 커지면서 무게 중심이 바뀌는데 척추를 지지하는 근육과 인대가 변화를 견디지 못해 통증이 심해질 수도 있죠. 허리의 균형이 깨지면 목 부위 통증까지 심해질 수 있고 목 디스크가 악화되는 분도 있습니다.

증상이 심하면 정형외과나 신경외과의 전문 진료가 필요합니다. 담당 의사가 필요하다고 판단하면 MRI 검사를 진행하는데, MRI 검사는 임신 중에 해도 안전하니 안심하셔도 됩니다. 분만 후 3~4개월이 지나면 증상이 좋아지는 경우가 있어 임신 중엔 통증 조절을 치료 목표로 하며, 분만 후에도 증상이 지속된다면 수술이나 시술이 필요할 수 있습니다.

3부

임신 후기
미리보기

임신 29주부터 만삭까지

임신 후기, 30주가 넘으면 배가 명치 가까이 올라와서
조금만 먹어도 배가 부르고 금방 숨이 찹니다.
35주 이후에는 발가락이 배에 가려져
발톱 깎기도 쉽지 않습니다. .

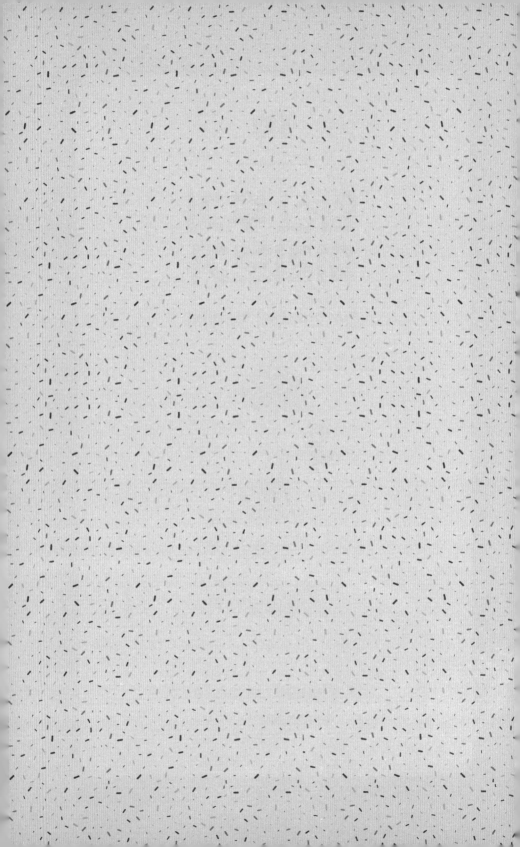

6장

"이제는 출산 가방을
챙겨야 할 때"

잘 자란다는 것의
기준

핵심 미리보기!

아이가 잘 크고 있는지를 확인하려면 가장 먼저 정확한 주수를 알아야 합니다. 초음파는 임신 중 시행할 수 있는 검사 중 가장 안전합니다.

분만 전 정기 진료 때마다 초음파로 태아가 잘 자라고 있는지 확인합니다. 초음파는 임신 중 시행할 수 있는 검사 중 가장 안전합니다. 이론적으로 열 효과가 나타날 수도 있다고 하니 주의는 해야 하지만, 초음파가 태아에게 위험하다는 증거가 없고, 초음파 때문에 태아에게 문제가 생겼다는 보고도 전 세계적으로 없습니다.

초음파 검사 결과지를 받아도 정확한 뜻이 나와 있지 않다 보니 용어 해석이 안 되어 무슨 뜻인지 궁금하실 때가 있을 겁니다. 자주 쓰는 용어를 다음과 같이 정리해보았습니다. 임신 주수(GA)와 분만 예정일(EDD)은 초음파를 볼 때마다 달라질 수 있으나 원래 알고 있던 주수와 분만 예정일이 바뀌는 건 아닙니다.

GS	임신낭, 아기집이라고도 부름
MSD	임신낭 크기 임신낭의 세 군데를 측정한 뒤 평균값 (각각 길이는 큰 의미 없음)
YS	난황낭, 크기 측정은 잘 하지 않음
CRL	임신 초기 머리부터 꼬리뼈까지의 길이
FHR	태아 심박수
BPD	태아 마루뼈 길이
HC	머리 둘레
AC	복부 둘레
FL	대퇴골 길이
EFW	태아 추정 체중
GA	임신 주수
EDD 혹은 EDC	분만 예정일

초음파 검사지 용어 정리

주치의 선생님이 아기는 잘 자라고 있다고 말하면 '그런가 보다' 하며 안심하는 경우가 많을 겁니다. 하지만 시간이 조금 지나면 다시 '체중이 적게 나가는 건 아닌지', '머리가 너무 큰 건 아닌지' 엄마의 마음은 일희일비하며 걱정이 끊이질 않습니다.

주치의 선생님이 대충 말하는 것 같지만, 잘 자란다는 것에는 기준이 있습니다. 기준보다 천천히 자라거나 빠르지는 않은지 확인하고 기준 안에서 크고 있으면 잘 자라고 있다고 이야기합니다. 기준에서 벗어나면 주치의 선생님이 먼저 긴장하실 겁니다. 그런 상황이 아니라면 안심하셔도 좋습니다.

정확한 주수를 파악하자

태아가 잘 크고 있는지를 확인하려면 먼저 정확한 주수를 알아야 합니다. 임신 주수는 마지막 생리 시작일과 임신 초기 태아 크기로 계산하는 두 가지 방법이 있습니다. 임신 7~8주경에 태아의 크기로 계산된 주수가 가장 정확하고, 임신 확인이 늦어 이 시기에 초음파를 보지 못했다면 마지막 생리 시작일을 기준으로 주수를 정합니다.

다음에 나오는 태아 성장표를 확인해 보세요. 체중이 10 백분위 수

주수	백분위				
	5	10	50	90	95
24	539g	567g	680g	850g	988g
25	540g	584g	765g	938g	997g
26	580g	637g	872g	1080g	1180g
27	650g	719g	997g	1260g	1467g
28	740g	822g	1138g	1462g	1787g
29	841g	939g	1290g	1672g	2070g
30	952g	1068g	1455g	1883g	2294g
31	1080g	1214g	1635g	2101g	2483g
32	1232g	1380g	1833g	2331g	2664g
33	1414g	1573g	2053g	2579g	2861g
34	1632g	1793g	2296g	2846g	3093g
35	1871g	2030g	2549g	3119g	3345g
36	2117g	2270g	2797g	3380g	3594g
37	2353g	2500g	3025g	3612g	3818g
38	2564g	2706g	3219g	3799g	3995g
39	2737g	2877g	3374g	3941g	4125g
40	2863g	3005g	3499g	4057g	4232g
41	2934g	3082g	3600g	4167g	4340g
42	2941g	3099g	3686g	4290g	4474g

주수별 태아 성장표

보다 적으면 자궁 내 성장 지연, 90 백분위수 이상이면 과체중아로 진단합니다.

임신 주수에 따라 태아 성장 지표가 다릅니다. 임신 초기는 태아가 너무 작아서 체중을 측정할 수 없으므로 아기집과 태아의 길이를 측정하고, 임신 중기 15주 이후에는 태아의 체중을 예측해서 성장을 확인합니다.

임신 10주 정도까지는 태아가 작고 자궁이 골반 안쪽에 위치해서 질식 초음파로 검사를 합니다. 질식 초음파를 사용하면 태아 크기를 더 정확하게 확인할 수 있고 심장 박동 소리를 일찍 들을 수 있으며, 자궁과 난소에 혹 같은 문제가 없는지 동시에 알 수 있습니다. 조금은 불편하더라도 정확한 검사를 위해 필요합니다.

태아의 성장 상태는 어떻게 알 수 있을까?

의과대학 때 산부인과학을 공부하면서 배 속에 있는 태아를 체중계에 올려보지도 않고 몸무게를 알 수 있다는 사실에 놀랐던 기억이 있습니다. 성인은 같은 키라고 하더라도 성별, 체형, 근육량에 따라 체중의 편차가 큽니다. 반면 태아는 몇 가지 신체 부위를 측정하면 꽤 정확한 몸무게를 예측할 수 있습니다.

다음에 나오는 초음파 사진을 참고해 보세요. 임신 15주부터 머리 양쪽 관자놀이 사이의 길이(BPD), 머리둘레(HC), 복부둘레(AC), 대퇴골 길이(FL)를 측정하면 특정 공식으로 예상 몸무게가 계산되어서 나

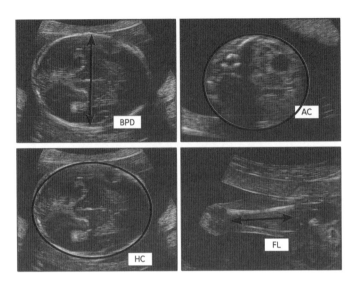

태아의 몸무게 측정 방법

옵니다. 예상 몸무게와 실제 태아 몸무게는 10퍼센트 정도의 오차가 있지만 꽤 정확합니다.

태아 성장은 3단계로 분류할 수 있습니다. 1단계, 임신 16주까지는 세포 수 증가를 위주로 성장하고, 하루에 5그램씩 자랍니다. 2단계, 32주까지는 세포 수 증가와 세포 크기 증가가 동시에 일어나며, 하루에 15~20그램, 일주일에 105~140그램씩 자랍니다. 3단계인 분만 시까지는 세포 크기가 증가하면서 성장합니다. 하루에 30~35그램, 일주일에 210~245 그램씩 자라며 성장 속도는 임신 35주까지 계속 증가하다가 조금 감소합니다.

초음파를 보고 사진을 드리면 적혀 있는 머리 크기(BPD)를 보고 한숨을 쉬는 분이 많습니다. 임신 주수보다 1~2주 크거나 다리 길이나 다른 부위에 비해 머리가 커서 걱정하시죠. 여기서 머리 크기는 머리 전체의 크기가 아니라 얼굴을 앞에서 봤을 때 머리의 양옆 길이입니다. 머리 크기 측정 값이 크다고 머리 전체가 다 큰 건 아니니 너무 걱정하실 필요는 없습니다.

참고로 자연 분만의 성공 여부는 머리 크기만으로 알 수 없습니다. 머리 크기보다는 태아의 예상 체중과 어깨와 몸통 크기가 더 중요하고, 임신부 속 골반의 크기도 확인해야 합니다.

아기가 너무 작거나 크다면

아기가 작거나 너무 큰 경우 모두 성장 장애가 있다고 진단합니다. 예상 체중이 태아 성장표에서 90 백분위수 이상이거나 만삭에 4킬로그램 이상이면 과체중아라고 합니다. 과체중아는 작은 아이에 비해 난산 발생 가능성이 있어 제왕절개율이 높아지고 나중에 자라면서 비만이나 당뇨의 위험이 증가합니다.

자궁 내 성장 지연의 정의는 태아 성장표에서 주수에 해당하는 태아의 예상 체중이 10 백분위수보다 작은 경우입니다. 정확한 진단을 위해서는 알고 있는 임신 주수가 정확한지 다시 한번 확인을 합니다. 임신 31주로 알고 있는데 초음파상 태아 체중이 1킬로그램으로 측정되면 태아가 작다고 진단하는데, 정확한 주수를 확인해 보니 28주였다면 정상 체중이 됩니다.

주수가 확인되면 1~2주 정도 간격을 두고 태아 체중과 성장을 다시 확인합니다. 초음파로 예측한 체중이 실제 체중과 10퍼센트 정도 오차가 있을 수 있습니다. 하지만 시간이 지나고 다시 측정했을 때 정상 범위로 들어오는 경우도 있어 한 번 측정한 체중으로 자궁 내 성장 지연이라고 진단하지는 않습니다.

태아의 성장 지연은 여러 원인이 있을 수 있습니다. 성장 지연의 원인을 다음의 그림과 같이 정리해보았습니다. 태반, 태아, 임신부 3가지로 나눌 수 있고 그중 자궁-태반 기능 부전이 가장 흔한 원인입니다. 자간전증이 태반 기능이 떨어지는 대표적인 질환으로, 자궁 내 성장 지연의 30~40퍼센트에서 임신부에게 임신성 고혈압이 있습니다.

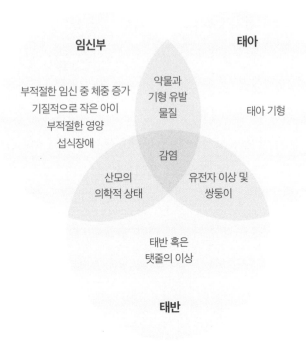

태아의 성장 지연 원인

여러 가지 요인이 동시에 영향을 미치거나 원인이 명확하지 않은 때도 있습니다.

태아가 작으면 저혈당, 고빌리루빈혈증, 자궁 내 태아 사망률, 신생아 사망률 등이 보통 아기들에 비해 높고, 이는 아기가 작으면 작을수록 위험이 증가합니다. 하지만 자궁 내 성장 지연이 있다고 모두가 태어나서 문제가 생기는 건 아닙니다. 작게 태어났어도 70퍼센트는 문제없이 잘 자랍니다. 아무 문제가 없는데 부모의 키와 몸무게가 작아서 아기도 같이 작을 수 있습니다.

발육이 지연된 태아의 성장을 향상시킬 수 있는 확실한 방법은 없습니다. 임신부가 영양 결핍이 올 정도로 식사를 제대로 못 하는 경우 부족한 영양소를 보충하면 도움이 되겠죠. 하지만 임신부가 단것을 많이 먹는다거나 더 많은 열량을 섭취한다고 아기가 더 크지는 않습니다. 오히려 너무 많이 먹어 체중이 급격하게 증가하거나 임신성 당뇨에 진단되면 아기의 성장을 더 방해할 수 있습니다. 아기를 키우겠다고 더 먹으면 임신부만 살이 찝니다.

자궁 내 성장 지연이 있는 태아는 자궁 안에 있는 것보다 태어나서 성장하는 게 더 도움이 되리라 판단되는 시점에 분만합니다. 태아의 몸무게에 더불어 양수의 양, 태동 검사, 탯줄 혈류 도플러 검사 등을 종합해 태아의 상태를 예측하고, 컨디션이 나쁘다면 조산이라도 일찍 분만해야 합니다.

태아 성장 지연의 대부분이 태반 기능 이상이 원인이고 양수량이 적은 경우가 많아 자궁 수축 시 태반 혈류가 더 안 좋아져서 제왕절개율이 높지만, 반드시 제왕절개를 해야 하는 건 아닙니다. 분만 방법보다 중요한 건 고위험 산모를 위한 시설과 신생아 집중치료실 및 소아과 의사가 갖추어진 곳에서 분만하는 것입니다.

언제까지
출근해야 할까?

핵심 미리보기!

임신 합병증이나 다른 사유가 없다면 진통이 생길 때까지 일해도 괜찮습니다. 임신을 했다는 이유만으로 일상을 갑자기 바꿀 필요는 없죠.

우리나라 30대 부부 중 55퍼센트 정도가 맞벌이를 하고 있습니다. 2011년과 비교하면 15퍼센트 넘게 증가했죠. 10년 사이에 그만큼 여성의 사회 진출이 확대되었고, 여성으로서의 커리어가 중요한 세상이 되었습니다. 조금 다른 측면에서 보면 한 명의 수입으로는 살기 힘든 사회가 되었다는 해석도 가능할 것 같습니다. 이유가 무엇이든 임신과 육아로 인한 경력 단절을 희망하는 분은 별로 없을 겁니다.

기업 문화가 선진화되면서 출산을 앞두거나 육아 중인 부부를 배려하는 정책이 자리를 잡아가고 있습니다. 출산 휴가와 육아 휴직을 이어서 쓸 수 있는 곳에서 일을 한다면, 출산 휴가를 언제 쓰는 게 좋을지에 대한 고민을 하게 됩니다. 만약 육아 휴직을 마음껏 사용하지 못하는 환경이라면 출산 휴가를 최대한 늦게 사용하려고 할 겁니다. 전공의 시절의 주위 동료들이 그랬습니다. 진통이 생길 때까지 수술장에서 일을 하다가 아기를 낳으러 분만장으로 간 선배도 있었죠.

진통이 생기기 전까지는 일을 해도 괜찮다

결론부터 말하자면 당연히 일해도 됩니다. 산부인과에 찾아온 많은 분들이 일을 하면서 건강한 아이를 낳았습니다. 하던 일을 갑자기 중단하면 당장은 조금 편할 수 있겠지만, 평소 일상이 바뀌면서 적응하는 데 시간이 필요합니다. 일에 집중하면 신경이 분산되어 임신과 태아에 대한 걱정과 염려를 줄일 수 있습니다. 필요 없는 걱정에 빠져 인터넷에 떠다니는 근거 없는 정보에 마음이 흔들리는 것보다는 일을 하는 게 훨씬 더 스트레스를 줄일 수 있을 겁니다.

하지만 직장 스트레스 때문에 걱정인 분도 많습니다. 다행히 직장 스트레스 자체가 태아에게 미치는 영향은 없다고 보면 됩니다. 장시간 컴퓨터를 보거나, 야간 근무를 해도 태아에게 악영향을 미치는 경우는 거의 없습니다. 간혹 소음이나 먼지가 많은 근무 환경이라면, 마스크 잘 착용하시고 귀마개를 하는 것도 도움이 됩니다. 방사선에 노출될 수 있는 곳에서 일을 하고 있다면 납 가운 등으로 차단을 잘 하시면 큰 문제가 되지 않습니다.

3시간 이상 장시간 연속으로 서 있거나 힘을 많이 쓰고, 쉬지 않고 움직여야 한다면 근무 형태를 조절해야 합니다. 반대로 같은 자세로 너무 오래 있는 경우 혈전증의 위험이 있어서 압박 스타킹 착용과 수

시로 자세를 바꿔주는 노력이 필요합니다.

다른 사람들이 힘들어 보인다고 말해도 내가 할 만하고 괜찮으면 일을 그만둘 필요는 전혀 없습니다. 반대로 주위에서 괜찮다고 해도, 내가 힘들면 일을 계속 할지 말지 고민해 보세요.

임신 합병증이나 다른 사유가 없다면 진통이 생길 때까지 일할 수 있습니다. 그렇다고 만삭이 되면 밥 먹고 자는 것도 힘든데, 진통이 생길 때까지 일하기 걸 추천하지는 않습니다. 개인적으로 자연 분만을 시도할 예정이면 38주 전후, 제왕절개 수술 날짜 2주 전 정도가 가장 좋다고 생각합니다. 38~39주에 자연 진통이 가장 많이 생기므로 38주쯤에는 휴가를 써야 조금이라도 쉬면서 아기를 맞이할 준비를 할 수 있습니다. 제왕절개를 한다고 해도 수술 1~2주 전에 양수가 새거나 진통이 생기는 분들이 꽤 있습니다. 수술 날짜에 딱 맞춰서 휴가를 쓰면 응급 상황이 생겨 급하게 휴가를 쓰게 될 수도 있습니다.

임신을 했다는 이유만으로 일상을 갑자기 바꿀 필요는 없습니다. 임신 10개월보다 아이가 태어나서 육아하면서 보내야 할 시간과 사회 구성원으로서 역량을 펼쳐나갈 시간이 더 깁니다. 여러분의 건강한 임신과 출산뿐만 아니라 육아와 커리어 모두 응원합니다.

막달에는 왜 이렇게 진료하러 자주 갈까?

산부인과 정기 검진 주기는 임신 주수에 따라 다릅니다. 임신 초기에는 1~2주 간격으로, 12주부터 28주 정도까지는 4주에 한 번, 28주부터 36주까지 2주에 한 번, 36주부터는 매주 방문해야 합니다. 임신 5주부터 40주까지 정기 검진을 16번 정도 가는데 임신 초기와 마지막 한 달에 8번이 몰려 있습니다. 한 달에 한 번 갈 때는 좀 더 자주 가고 싶다가도, 매주 진료 보러 갈 때는 힘들기도 합니다. 여기에는 중요한 이유가 숨어 있습니다.

임신 초기에는 병원에 자주 가도 해야 할 검사가 많아 정신이 없기도 하고 아기가 잘 있는지 궁금해서 일주일도 길게 느껴집니다. 임신 중기에는 굵직한 검사가 있을 때만 진찰을 받습니다. 16주에 2차 다운증후군 선별검사를 하고 20~22주에 정밀초음파, 24~28주에 임신성 당뇨 검사랑 입체초음파를 봅니다.

28주까지는 아기마다 성장 속도가 비슷하다가 30주부터는 차이가 나기 시작합니다. 이때 잘 크지 못하는 아기나 너무 빨리 크는 아기들을 선별하기 위해 2주 간격으로 확인을 해야 합니다. 그 이후 태아의 자세도 자리를 잡아가고 태반의 위치도 어느 정도 결정되기 때문에 32주 전후에 분만 방법을 정합니다.

37주부터는 다시 검사해야 할 항목이 많아집니다. 지금부터는 언제든지 분만을 해도 이상할 게 없기 때문에 분만에 대비해 막달 검사를 합니다. 36주까지 아기도 잘 컸고 양수량도 적당했어도 37주부터는 상황이 갑자기 바뀌기도 합니다. 성장 속도가 느려지거나, 양수량이 갑자기 줄어들기도 하죠. 아기의 상태를 좀 더 정확히 보기 위해 태동 검사, 즉 비수축 검사를 확인합니다.

자연 분만을 계획한다면 36~38주 사이에 B군 연쇄상구균(GBS)에 대한 검사를 해야 합니다. B군 연쇄상구균은 평소 질과 직장에 살고 있는 균으로, 평소에는 아무런 증상이나 문제를 일으키지 않다가 분만을 하면서 태아에게 노출되면 신생아 뇌수막염, 패혈증의 중요한 원인이 됩니다. 질과 항문에서 면봉으로 간단하게 채취하면 1주 정도 뒤에 배양 검사 결과가 나옵니다. B군 연쇄상구균이 있다고 나오면 분만 직전에 항생제를 투여해서 신생아 감염을 충분히 예방할 수 있습니다.

자연 분만을 계획한다면 진통이 없다 하더라도 이 시기에 내진을 시행합니다. 가장 두렵고 하기 싫은 검사라는 사실, 잘 알고 있습니다. 하지만 자연 분만의 성공을 예측할 수 있는 중요한 검사입니다. 임신부 골반의 크기, 아기 머리가 얼마나 내려와 있는지, 자궁 경부는 얼마나 열려 있고 부드러워져 있는지를 확인합니다. 이 중에서 골반의 크기가 자연 분만 성공에 중요한 지표 중 하나라 담당 의사는 내진을 할 때 골반 크기도 같이 확인합니다.

이처럼 막달에는 해야 할 중요한 검사도 많고, 아기 상태의 변화가 급격하게 생기는 시기입니다. 그리고 37주 이후는 만삭이라 언제든지 태어나도 괜찮은 시기이기 때문에 태아가 조금이라도 힘들어하거나, 임신부의 혈압이 갑자기 올라가기 시작하는 등 컨디션이 변화가 생기면 더 이상 임신을 유지할 이유가 없습니다. 무거운 몸으로 병원에 자주 가는 게 힘들겠지만 건강한 아기를 만나기 위한 과정이니 조금만 더 힘내시기 바랍니다.

아기를 기다리며
준비할 것들

핵심 미리보기!

대부분의 아기는 36주 이후에 태어납니다. 35주가 된 후부터는 언제든지 병원에 가게 될 수 있으니 출산 가방을 미리 준비하시면 좋습니다.

제왕절개 날짜를 잡아 놓았어도 언제 갑자기 병원에 입원하게 될지는 사실 아무도 모릅니다. 자연 분만을 계획 중이라면 더더욱 그렇겠죠. 산부인과 의사인 저도 저의 아기가 언제 나올지는 알 수가 없었습니다. 어느 몹시 덥고 습한 저녁, 퇴근하고 집에 돌아오니 만삭의 아내가 비장한 표정으로 "맛있는 거 먹으러 가자. 지금 가야 할 것 같아"라는 말과 함께 출산 가방을 꺼내 놓았던 기억이 납니다.

지금 생각해 보았을 때 만약에 출산 가방을 미리 챙겨놓지 않았다면, 가방을 싸느라 마지막 만찬을 즐기지 못했을지도 모릅니다. 출산 가방을 싸놓아야 한다고 했던 아내의 말에 조금은 시큰둥했던 제 모습을 반성했습니다.

출산 가방은 언제 싸는 게 좋을까요?

　너무 빨리 준비해도 가방에 뭘 넣었는지 기억이 안 날 수도 있고, 병원 가기 직전에는 정신이 없어서 중요한 걸 놓고 가는 불상사가 생길 수도 있죠. 진통이 언제 많이 생기는지, 자연 분만이 언제 많이 되는지 알면 힌트를 얻을 수 있을 겁니다.

　아래 2022년 임신 기간별 출생아 수 통계를 보면 38주에 태어난 출생아 수가 가장 많고, 대부분 아기가 36주 이후에 태어납니다. 쌍둥이라면 36주 전후에 가장 많이 태어나겠죠. 그래서 저는 적어도 35주에는 출산 가방을 준비하셔야 한다고 생각합니다.

　출산 가방에 내용물을 준비해서 넣는 행위 자체가 분만을 준비하는 마음의 준비와도 같습니다. 여행을 갈 때도 가방을 쌀 때가 가장 설레는 것처럼 아기를 만나러 갈 때도 출산 가방을 챙기는 것부터 시작해

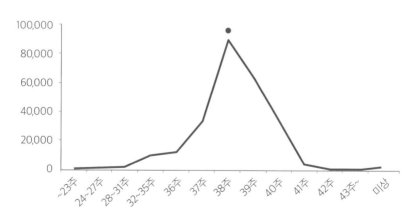

임신기간별 출생아수(2022)

야 한다고 생각합니다. 그리고 이 준비는 예비 엄마아빠가 꼭 같이 하시길 바랍니다. 35주면 조금 이르다고 생각할지도 모르지만, 가방에 필요한 리스트 작성도 같이 하면서 준비하다 보면 분만이 가까이 다가왔다는 사실이 실감될 겁니다.

출산 가방에 챙겨야 할 준비물은 크게 네 가지로 나눌 수 있습니다. 임신부가 병원에서 필요한 준비물, 아기를 위한 준비물, 조리원에 가져갈 준비물, 남편이 필요한 준비물을 넣어야 합니다. 병원마다, 조리원마다 제공되는 물품이 다르므로 미리 확인한 뒤 준비하는 게 좋습니다.

출산 가방에 무엇을 넣을지는 상황마다 다를 겁니다. 분만 방법에 따라 준비물도 다르고, 다태아면 또 다르겠죠. 조리원에 구비되어 있는 것과 가져가야 할 것은 무엇인지, 남편이 조리원에 계속 같이 있을 것인지 등 상황에 맞게 꼭 필요한 것들만 잘 챙기시길 바랍니다.

만약 출산 가방을 챙기지 못했는데 갑자기 분만을 하게 되었다고 하더라도 너무 걱정하지는 마세요. 병원과 조리원 근처에서 구매할 수도 있고, 추가로 필요한 것들은 남편에게 부탁하면 되니까요.

출산을 앞둔 상황, 꼭 해야 하는 일

당연히 모든 남편 분이 잘하시리라 믿어 의심치 않지만, 산부인과 의사이자 두 아이의 아빠인 선배로서 조언을 조금 드릴까 합니다. 출산 가방은 아내와 함께 꼭 챙겨보세요. 아내가 챙기는 물건을 보면 아기 낳는 것이 쉽지 않은 일임을 다시 한번 느낄 수 있을 겁니다. 그리고 뭐가 들어 있는지 알아야 나중에 필요한 물건을 재빨리 꺼내줄 수 있습니다. '그런 게 있었어?', '그게 뭐야?'라는 말은 안 하는 게 좋겠죠.

출산 가방을 챙기는 35주가 되면 5분 대기조가 되어야 합니다. 언제든지 응급 상황이 생길 수 있어서 갑자기 입원하거나 아기가 나올 수 있습니다. 남편들 또한 직장에 출산을 앞두고 있다는 사실을 꼭 알리셔야 합니다. 특히 술자리는 금물입니다. 만에 하나 술을 마시고 있는데 병원에 가야 할 거 같다는 아내의 전화를 받는 그 상황을 상상조차 하고 싶지 않습니다.

임신, 출산, 육아는 엄마아빠가 함께 고민하고 준비해야 합니다. SNS에 나오는 단편적인 내용 말고, 아내가 읽고 있는 책을 같이 읽고 정보를 공유하세요. 아이가 태어나고 나면 책 읽을 시간도 정신도 없습니다. 책이 정답은 아니지만, 아이를 보는 데 도움이 되는 정보가 많이 들어 있습니다.

우리나라 제왕절개율이
높은 이유

핵심 미리보기!

제왕 절개와 자연 분만 모두 합병증이 존재합니다. 산모의 몸 상태, 상황을 확인하여 각자에게 맞는 방법을 선택해야 하죠. 두 방법 중 어떤 게 좋고 나쁜지를 따질 수 없습니다.

요즘엔 임신을 계획할 때부터 제왕절개를 할지, 자연 분만을 할지 결정하는 것 같습니다. 분만 방법을 미리 결정하는 건 사실 당연하지 않습니다. 2022년 우리나라의 제왕절개 분만율은 61.2퍼센트로 세계에서 제왕절개를 가장 많이 하는 나라가 되었습니다. 2014년 38.7퍼센트에서 무려 23퍼센트 가까이 증가했습니다. 가까운 일본만 보더라도 제왕절개율은 20퍼센트, 미국은 30퍼센트, 전 세계 평균은 20~30퍼센트 정도이며, 세계보건기구(WHO)에서는 10~15퍼센트를 권고합니다. 우리나라는 의학적인 사유보다는 임신부 개인의 선택으로 제왕절개를 하는 경우가 많아서 제왕절개율이 급격하게 증가하게 되었습니다.

과학적인 근거보다도 주변에서 들려주는 개인적인 경험담에 귀가 솔깃해지는 분도 많은 것 같습니다. 이 책을 읽고 좀 더 객관적인 근거를 기반으로 분만 방법을 결정하길 바랍니다.

제왕절개를 선호하는 이유

고령 임신의 증가가 제왕절개 분만율을 높이는 데 큰 부분을 차지한다고 봅니다. 임신부의 나이가 증가할수록 고위험 산모는 증가합니다. 난임 부부도 같이 늘어나다 보니 난임 시술로 다태아 임신이 많아지면서 제왕절개를 많이 하게 됩니다.

또한 첫째 아이 임신 연령이 올라가면 자연스럽게 둘째를 낳기가 어려워집니다. 아이를 하나만 낳는 것도 제왕절개를 선택하는 중요한 이유가 됩니다. 자연 분만이 성공하리라는 보장도 없고, 괜히 시도했다가 고생은 고생대로 하고 제왕절개까지 할까 두려워 처음부터 제왕절개를 선택하죠. 하지만 제왕절개를 꼭 해야 하는 상황은 다음과 같습니다.

- 이전 자궁 수술 병력(제왕절개, 근종절제술 등), 역아, 전치태반, 태반 조기 박리, 자연 분만의 실패, 분만 진행 중 태아의 스트레스, 거대아(4.5킬로그램 이상), 태아 기형, 임신부의 심폐질환/뇌혈관질환 등, 임신부의 HSV/HIV 감염, 임신부의 요청

우리나라의 산후조리 문화도 제왕절개를 쉽게 선택하게 만듭니다.

제왕절개를 하더라도 2주 정도는 산후조리원에서 회복할 수 있으니 수술 통증에 대한 부담이 줄어들죠. 다른 나라에 비해 수술 비용도 저렴해서 부담이 적습니다. 산후조리원 비용까지 다 더해도 미국이나 일본의 수술비보다 저렴합니다.

의사 입장에서는 의료 소송에 대한 부담이 있어 자연 분만을 무리해서 하지 않습니다. 자연 분만으로 태어난 아기에게 문제가 발견되면 왜 제왕절개를 하지 않았는지, 분만 과정에 문제가 없었는지 소명해야 하고, 아무런 문제가 없었어도 병원은 배상해야 합니다. 불가항력적인 의료사고에 대한 보호가 없어서 방어적인 진료를 할 수밖에 없는 현실입니다. 이런 부담이 있어서 자연 분만을 적극적으로 권하지 못합니다.

또한 우리나라는 임신부의 선택을 존중하는 분위기입니다. 일본이나 미국에서는 임신부가 수술해달라고 요청해도 명백한 의학적인 사유가 없다면 들어주지 않습니다. 산부인과 교과서에 임신부의 요청도 제왕절개를 해야 하는 사유라고 적혀 있는데도 말입니다.

제왕절개는 간단한 수술이 아니다

제왕절개를 간단한 수술이라고 생각하실 수도 있지만, 절대로 간단한 수술이 아닙니다. 우선 제왕절개는 출혈이 대단히 많습니다. 보통 1,000밀리미터 정도의 출혈이 생기는데, 이는 자연 분만의 두 배에 해당하고 제왕절개를 반복할수록 출혈이 더 많아집니다. 출혈이 많아지면 당연히 수혈도 많이 할 수밖에 없고, 수술 중 지혈이 되지 않으면 자궁 절제를 해야 할 수 있습니다.

임신부는 '혈전증 고위험군'입니다. 아기를 낳고도 혈전이 잘 생기는데, 제왕절개를 하고 나면 하루 정도 누워 있어야 합니다. 그 사이에 혈전의 위험이 올라갑니다. 따라서 수술 후에 압박 스타킹을 반드시 착용하고 최대한 빨리 일어나 많이 걸어야 합니다.

제왕절개는 절개 부위가 크다 보니 감염의 위험도 있습니다. 피부부터 절개하면서 지방층, 근육층, 복막을 절개하면 자궁이 나옵니다. 자궁을 절개하고 아기가 나오면 태반을 제거한 뒤 다시 거꾸로 봉합해야 합니다. 소독을 열심히 하고 항생제를 사용해도 절개하고 봉합한 부위와 그 근처에 감염이 생길 수 있습니다. 피부 감염이 생기면 봉합한 부위가 다시 열리기도 하고, 자궁에 염증이 생기면 고름이 차거나 패혈증까지 진행해서 위태로울 수 있습니다.

모든 수술은 유착 가능성이 있습니다. 수술 후 염증 반응으로 주변 장기들이 수술한 부위에 붙을 수 있죠. 자궁 앞쪽으로는 방광이 있고, 뒤쪽과 주위에 장과 복막이 있습니다. 유착방지제를 쓰기는 하지만 유착을 완전히 막지는 못합니다. 유착이 생기면 다음 수술할 때 주변 장기들이 손상될 위험이 커집니다. 그렇다고 제왕절개 횟수에 제한이 있는 건 아닙니다. 저는 7번 하신 분도 봤습니다.

절개 부위에 생긴 흉터로 고민하는 분들도 정말 많죠. 흉터가 얼마나 생기는지는 어떻게 봉합하느냐보다 사람마다의 피부 성향에 따라 다릅니다. 똑같이 봉합해도 켈로이드가 있는 분은 흉터가 심하게 남을 수 있는 반면, 흉이 안보일 정도로 작게 남는 분도 있습니다. 흉터 연고나 테이프 등의 좋은 제품들이 많이 나와 있으니 활용하시면 좋고, 흉터가 너무 크다면 피부과나 성형외과 진료를 하시고 레이저 치료를 받으시는 것도 효과가 좋습니다.

자연 분만도 합병증이 존재한다

자연 분만을 하다가 제왕절개를 하는 이유는 크게 두 가지입니다. 자궁 경부가 열리지 않거나 아기가 내려오지 않아 분만 진행이 잘 되지 않아서 수술하게 되는 경우, 분만 과정에서 태아가 힘들어해서 자연 분만을 더 이상 진행하지 못하는 경우가 있습니다. 진통도 겪고 수술 후 통증까지 아기뿐만 아니라 엄마에게도 너무 힘든 일이죠.

자연 분만을 하면 요실금이 생기거나 나중에 자궁이 정상 위치에서 이동하면서 질을 통해 빠져나오는 '자궁탈출증'이 발생할 가능성이 있습니다. 요실금과 자궁탈출증은 일상생활에 굉장히 불편하고 수술 같은 치료가 필요할 수 있어 자연 분만을 기피하게 되는 큰 이유 중 하나입니다.

하지만 제왕절개를 해도 요실금이랑 자궁탈출증이 생길 수 있습니다. 임신 자체 때문에 방광을 지지하는 골반 근육이 느슨해져서 방광과 요도가 복압을 견뎌낼 수 없는 위치로 처지면서 요실금이 생길 수 있고 같은 이유로 자궁탈출증도 생길 수 있죠.

특히 고령 임신, 비만인 산모, 흡연, 임신성 당뇨, 변비, 아이를 여러 명 낳은 경우에 더 잘생깁니다. 케겔 운동이 예방과 치료에 도움이 됩니다. 제왕절개를 하더라도 분만 전후로 케겔 운동을 해보세요.

드물지만 아기가 나오고 나서 치골이 벌어지는 '치골 결합 분리증'이 생길 수 있습니다. 치골 결합 분리증이 생기면 골반 앞, 치골 부위 통증이 걸으려고 발을 딛거나 체위를 변경할 때 심해집니다. 엑스레이 촬영을 해서 치골 결합 부위가 1센티미터 이상 벌어지면 치골 결합 분리증으로 진단하고, 통증 조절과 골반 복대를 착용하면 3개월 이내에 대부분 호전됩니다.

회음부 통증이 없다면 분만하고 몇 시간 후부터 잘 걸어다니지만, 진통보다 아프다는 분도 있었습니다. 분만 직후 첫 24시간 동안 얼음 찜질을 하면 통증과 부종을 줄일 수 있습니다. 분만 다음 날부터는 좌욕을 열심히 하셔야 합니다. 좌욕 자체로 소독도 되지만 통증을 가라앉히는 효과도 있기 때문이죠. 그리고 아기를 낳았기 때문에 통증을 억지로 참지 않으셔도 됩니다. 진통제를 아끼지 마세요.

결국 제왕절개를 하게 될까 두려운 마음이 자연 분만을 포기하는 가장 큰 이유인 것 같습니다. 제왕절개든 자연 분만이든 쉬운 방법은 없습니다. 위에 말씀드린 합병증들은 흔하게 생기지 않습니다. 개개인의 경험담보다는 객관적인 장단점을 비교해 보시고 선택하시는 게 후회가 덜 남으실 겁니다. 이런 힘든 과정을 겪으며 낳아주신 모든 어머니께 감사드리고, 앞으로 이런 과정을 겪고 아이를 낳으실 임신부와 임신을 계획 중인 분들의 순산을 응원하겠습니다.

자연 분만,
성공하고 싶다면

핵심 미리보기!

운동이야말로 가장 확실하고 효과적인 방법입니다. 운동을 열심히 했다는 것 자체가 질식 분만 성공률을 높이는 건 아니지만, 질식 분만에 실패하는 원인을 줄일 수 있습니다.

'어떻게 하면 자연 분만을 성공할 수 있을까?'

임신부와 의사 모두 궁금한 질문입니다. 그 전에 '자연 분만'에 대한 용어부터 정리하고 싶습니다. 임신부의 자궁 수축으로 태아가 질을 통해 세상에 나오는 것을 자연 분만이라고 부르지만, 사실 자연 분만은 의학적인 용어가 아닙니다.

정확한 용어는 '질식 분만'입니다. '자연'이라는 단어가 들어가서 왠지 자연스럽고 합병증이 없을 것 같은데 실상은 자연스럽지 못하다보니 '자연 분만'에 대한 거부감이 더욱 커진 것 같습니다. '자연스럽지 못한 자연 분만'에 대한 반감으로 '자연주의 출산'이라는 개념이 등장했을지도 모릅니다.

안전하고 성공적인 질식 분만을 위해서는 의학적인 개입이 중요합니다. 자궁 수축이 약하다면 촉진제를 투여해서 수축을 돕고, 통증이 심해 힘들다면 무통 주사가 힘든 시간을 잘 견디도록 도와줄 수 있습니다. 어떤 개입을 어디까지 할 것인지는 임신부와 주치의 사이에 긴밀한 대화로 결정해야겠죠. 안전을 위해 타협할 수 없는 개입은 반드시 적용하고 그 외 부분은 임신부에게 선택할 수 있게 정보를 제공하는 게 산부인과 의사의 역할이라고 생각합니다.

질식 분만이 실패하는 원인

질식 분만을 실패하는 원인과 그 원인 중 교정할 수 있는 건 무엇인지, 질식 분만의 성공을 도와줄 수 있는 의학적인 개입은 무엇이 있는지 알아보겠습니다.

① 난산

분만의 진행이 더디거나 멈추는 경우를 난산이라고 합니다. 자궁 수축이 약해지거나 임신부의 골반과 태아 머리의 모양과 크기가 맞지 않는 경우, 마지막에 아기가 내려올 때 임신부가 힘주기를 잘 해줘야 하는데 지친 경우가 대표적인 난산 케이스입니다.

자궁 수축 간격이 길어지거나 강도가 약해지면 자궁 수축 촉진제를 투여해서 효과적인 수축이 생기도록 도와줄 수 있습니다. 촉진제를 충분히 주는데도 진행이 되지 않으면 수술을 고려해야 합니다.

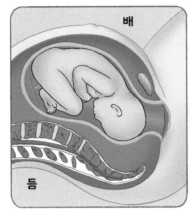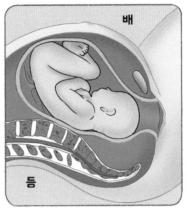

태아의 자세

 왼쪽 그림처럼 태아가 골반을 통과할 때 임신부의 등 쪽을 바라보면서 내려와야 머리가 골반을 쉽게 지나갈 수 있습니다. 우리가 티셔츠를 입을 때에 약간 고개를 숙여 정수리 부분부터 넣어야 잘 들어가는 것처럼 아기도 좁은 골반을 통과하려면 고개를 숙여 정수리부터 나와야 합니다. 만약 오른쪽 그림처럼 아기가 '하늘을 보고 있는' 자세를 취하고 있으면 자궁과 골반 구조상 고개를 숙여도 정수리부터 나올 수가 없습니다. 자세는 자궁 경부가 다 열리고 아기가 내려오기 시작할 때 평가해야 정확합니다.

 임신부의 나이가 많을수록, 비만(BMI 30이상)일수록, 키가 작을수록 난산의 위험이 증가합니다.

② 태아의 심박수 이상

 자궁이 수축할 때 태반으로 가는 혈류가 줄어듭니다. 아기 대부분은 이 과정을 잘 견딥니다. 하지만 태반 기능이 약하거나, 아기가 작거나, 양수량이 적으면 자궁이 수축할 때마다 심박수가 떨어지는 모습을 보입니다. 이런 상황이 반복되면 아기에게 저산소증의 위험이 있어 제왕절개로 분만하게 됩니다. 양막 파열 등의 이유로 자궁 내 감염이 되어도 태아의 심박수 이상이 생깁니다. 이럴 때도 감염이 악화하기 전에 제왕절개로 분만을 합니다.

③ 임신부의 요청

무통 주사를 맞지 못하거나 효과가 없어서 통증이 심해서 수술해 달라고 하는 분이 가장 많습니다. 자궁 경부가 다 열려서 아기가 내려와야 하는데 힘주기를 못 할 만큼 너무 지쳐서 수술을 요청하기도 합니다. 분만 과정이 무섭고 두려워서 심리적인 이유로 수술을 희망하기도 하죠.

질식 분만 성공률 높이는 방법

결국 또 운동입니다. 운동이야말로 가장 확실하고 효과적인 방법입니다. 운동을 열심히 했다는 사실 자체가 질식 분만 성공률을 높이지는 않지만, 질식 분만에 실패하는 원인을 줄일 수 있습니다.

난산의 원인 중 하나인 비만은 운동과 식이 조절로 충분히 예방할 수 있습니다. 임신 전부터 정상 체중으로 유지하고 임신 중에도 적절한 운동으로 과도한 체중 증가를 피한다면, 난산의 중요한 원인을 제거할 수 있습니다.

또한 비만은 임신성 당뇨, 임신성 고혈압과 같은 임신 합병증의 중요한 원인입니다. 임신 합병증이 발생하면 태반 기능이 떨어져 자궁내 성장 지연, 양수 과소증이 발생해 분만 과정에서 태아가 힘들어할 위험이 증가합니다. 운동으로 근육량과 체력을 길러놓으면 분만 끝까지 힘주기를 잘 할 수 있어 분만 시간을 많이 줄일 수 있죠.

남편과 보호자의 역할도 굉장히 중요합니다. 분만 중인 임신부는 통증과 힘주기로 지쳐 있고, 분만을 앞두고 두려움과 스트레스로 심리적으로도 힘든 상태입니다. 옆에서 지지와 응원으로 심리적 안정을 찾게 도와주시면 힘도 저절로 날 겁니다.

분만 전후
알아야 할 것들

핵심 미리보기!

분만 전후 몸의 부종을 비롯한 신체적 변화 때문에 힘들어하시는 분들이 많습니다. 분만 시에는 출혈로 고생하는 경우가 많습니다. 출혈이 심각하면 의사가 여러 조치를 시행합니다.

임신부의 신체적 변화는 분만 전후에 특히 많이 생길 겁니다. 배도 많이 나오지만 손과 발을 비롯해서 사지가 다 붓고 불편한 곳도 한두 군데가 아니죠. 그중 치질은 어디 가서 쉽게 말하기도 어려운 부분일 겁니다. 그리고 분만 직후 출혈과 같은 응급 상황이 발생하기도 합니다. 병원에서는 잘 말해 주지 않는 출혈의 원인과 치료에 대해 알아보겠습니다.

치질과 회음부 정맥류

막달에 가까워지면서 다리도 부어서 힘든데, 혈관까지 튀어나와서 미용상 보기 좋지 않아 걱정되기도 합니다. 하지정맥류는 다리 표면에 있는 정맥의 혈액이 심장 쪽으로 올라가야 하는데, 길목이 막혀 혈관이 확장되어 육안상 꼬불꼬불한 핏줄이 보이는 현상입니다. 오래 서 있거나 앉아 있으면 심해지고, 초기에는 통증이 별로 없습니다. 보통의 하지정맥류는 정맥 판막이 고장 나서 혈액이 심장으로 올라가지 못하고 역류해서 생기기 때문에 수술을 많이 합니다.

하지만 임신으로 인한 정맥류는 커진 자궁이 혈관을 눌러서 생기는 현상으로 분만 후에 자궁이 원래 크기로 돌아가면 대부분 좋아집니다. 잘 때 다리를 높여서 자고 평소에 압박 스타킹을 신으면 심해지는 것을 예방할 수 있습니다.

치질 이야기에 하지정맥류를 왜 언급하는지 의아해하실 텐데, 임신 중에 생기는 치질이 정맥류의 일종이기 때문입니다. 직장의 혈관에 정맥류가 생기면 항문 주위 점막이 부어 밖으로 튀어나오고 피가 나면서 통증을 동반하기도 합니다. 임신 중 변비가 심해지면서 치질이 더 악화되죠. 임신 전에 치질이 없다가도 새로 생길 수 있고, 치질이 있던 분은 더욱 심해지기도 합니다.

치질이 좋아지려면 가장 먼저 변비를 해결해야 합니다. 섬유질을 충분히 섭취하고, 운동을 하면서 필요하면 변비 약을 먹어서 변비가 없어져야 합니다. 변기에 앉아 있는 시간은 5분 이내로 줄이는 것도 중요합니다.

'좌욕'이 치질 완화에 도움이 됩니다. 하루 다섯 번 이상, 시간이 될 때마다 따뜻한 물에 10분 정도씩 좌욕하세요. 출근해서 자주 하기 힘들다면 아침, 저녁, 자기 전 3번이라도 하시면 좋습니다.

통증이 심하다면 먹는 진통제나 바르는 약이 도움이 됩니다. 분만 후 자궁이 원래 크기로 돌아가면 거의 저절로 좋아지기 때문에 임신 중이나 직후에 수술적인 치료는 권하지 않습니다. 분만 후 3개월 이후에도 치질이 계속 있다면 치료 방법에 대해 항문외과 선생님과 상의하시는 게 좋습니다.

임신 30주 이후에 회음부 주위의 혈관이 갑자기 커지면서 무섭게 보여 놀라실 수 있습니다. '회음부 정맥류'가 생겼기 때문입니다. 왠지 피가 많이 날 것 같아서 자연 분만을 못 할까 봐 걱정하시는데, 보기와 다르게 정맥류와 관계없이 자연 분만이 가능합니다. 이것 역시 출산 후에 저절로 좋아집니다.

분만 후 출혈을 치료하는 방법

분만 후 출혈은 임신성 고혈압과 분만 관련 사망 원인의 1위를 다투는 산부인과에서 굉장히 중요한 응급 상황입니다. 임신부의 몸은 정말 신기하게 임신 기간 중 출혈에 대비합니다. 만삭이 되면 혈액량이 1.5킬로그램 가깝게 증가하죠. 그래서 웬만한 출혈에도 큰 이상 없이 넘어가지만, 출혈량이 1리터가 넘어가면 혈압이 떨어지거나 빈혈이 심해져 수혈해야 할 가능성이 커집니다.

출혈 후 가장 먼저 해야 할 치료는 수혈입니다. 출혈로 잃은 혈액을 적절히 보충해 줘야 혈압을 유지해서 쇼크나 심정지가 발생을 막을 수 있습니다. 분만 과정에서 출혈이 많을 것으로 예측된다면 혈액 준비가 잘 되어 있는 병원에서 분만하시는 게 안전합니다. 전치태반, 다태아 임신, 비만의 경우는 출혈의 위험이 커집니다. 우리나라에 드문 Rh- 혈액형인 분은 희귀 혈액을 원활하게 공급 해줄 수 있는 의료기관을 고르시는 게 좋습니다.

분만 후 과다 출혈의 가장 흔한 원인은 자궁 수축이 잘 안 되는 것입니다. 임신 말기에는 1분 동안 자궁으로 흐르는 혈액량이 500밀리미터 가까이 됩니다. 이 많은 혈액이 태반을 통해 아기에게 산소와 영양분을 공급하려면 굵고 많은 혈관이 필요합니다.

분만 후에 태반이 자궁에서 떨어지면 이 혈관에서 엄청나게 많은 혈액이 쏟아지는데, 자궁이 수축함으로써 지혈됩니다. 이때 자궁의 수축이 잘 되지 않으면 1분마다 500밀리미터의 출혈이 생길 수 있습니다. 태반이 나오고 나서 자궁 수축이 약하면 수축제를 투여해서 지혈되도록 합니다.

수축제를 충분히 투여했는데도 자궁 수축이 돌아오지 않을 수 있습니다. 그러면 물리적 지혈을 시도합니다. 풍선 같은 바크리 카테터(Bakri balloon catheterization)를 자궁 안으로 넣고 부풀리면 안쪽에서 출혈되고 있는 혈관을 압박해 지혈할 수 있습니다.

바크리 카테터로도 지혈이 되지 않으면 '자궁 동맥 색전술'을 합니다. 영상의학과 전문의가 하는 시술로, 자궁으로 혈액을 공급하는 자궁 동맥을 찾아 혈관 안을 막는 방법입니다. 자궁 동맥은 양쪽에 하나씩 있어서 양쪽 모두 지혈합니다. 시술을 준비하고 혈관을 막는 데까지 빨라도 30분에서 1시간이 걸릴 수 있습니다. 이 시간을 버티지 못할 정도로 출혈량이 많다면 자궁 절제술을 해야 합니다.

분만 후 출혈로 인한 자궁 절제술은 주로 제왕절개를 한 후에 합니다. 제왕절개를 하는 도중 과다 출혈이 생겨서 색전술을 하려면, 자궁부터 피부까지 봉합하고 마취를 깨워서 수술실에서 영상의학과까지 환자를 옮겨야 합니다. 이러한 시간 동안 출혈이 지속되면 환자의 상태가 더욱 나빠질 수 있습니다. 제왕절개를 위해 어차피 개복이 되어 있으니 혈액을 더 많이 잃기 전에 자궁을 절제하면 과다 출혈로 인한 합병증을 줄일 수 있고 생명을 살릴 수 있습니다.

전치태반은 과다 출혈의 위험이 있어 제왕절개로 분만을 해야 하며, 수혈이나 출혈성 쇼크에 대비가 가능한 의료 기관에서 분만하기를 권유합니다. 전치태반은 태반이 자궁 입구를 막거나 자궁 입구 근처에 위치한 상태를 말합니다. 자궁은 분만할 때 아기를 자궁 입구 쪽으로 밀어내기 위해 자궁 입구에서 먼 쪽으로 근육이 발달되어 있습니다. 자궁 입구 근처는 수축력이 약하기 때문에 태반이 떨어지고 나서 지혈이 잘 안 되어 출혈량이 많습니다.

다태아도 과다 출혈의 고위험군입니다. 아이가 둘 이상이다 보니 태반 자체의 크기가 큽니다. 그만큼 태반이 떨어진 자리가 넓어 노출된 혈관이 많아지고 출혈량이 많죠. 또한 고무 풍선을 너무 크게 불고 나면 원래 모양으로 잘 돌아오지 않는 것처럼, 다태아 임신의 자궁도 수축력이 떨어져 지혈에 어려움이 있습니다. 임신 기간 동안 태아에

게 필요한 철분량이 단태아보다 많아 빈혈도 잘 생기는데, 출혈도 많
다 보니 수혈하게 되는 경우가 종종 발생합니다.

7장

"아기를 만나기
1초 전"

37주, 언제 아기가
나와도 이상하지 않다

핵심 미리보기!

37주가 넘으면 언제 아기가 나와도 이상하지 않습니다. 그런데 막상 언제 분만장으로 가야 하는지, 진짜 진통은 어떤 것인지 몰라 헛걸음하는 경우가 많습니다.

37주가 넘어서 언제 분만을 해도 이상하지 않은 시기가 되어서 출산 가방도 싸놓았고 마음의 준비도 했는데, 막상 병원에 언제 가야 하는지 잘 몰라 헛걸음하는 경우가 아주 많습니다. 배가 자주 뭉치기는 하지만 아직 진통이 시작되지 않아 집으로 다시 가는 상황도 생깁니다. 양수가 새는 줄 알았는데 질 분비물인 경우, 출혈이 생겨서 급하게 병원에 갔더니 이슬이 비친 거라 괜찮을 때도 있습니다. 모든 것이 낯설고 긴장되는 분들께 병원에 언제 가면 좋을지 알려드리겠습니다.

① 진짜 진통일까?

37주가 넘으면 배가 정말 자주 뭉칩니다. 그러다 보니 웬만한 수축에도 신경 쓰지 않게 되는 경지에 이르게 됩니다. 수축이 규칙적으로 바뀌면 그제야 긴장하죠. 조기 진통일 땐 수축이 조금만 규칙적이라도 병원으로 갔지만, 만삭 때는 규칙적인 수축이 생기더라도 진짜 진통이 아닐 수 있습니다.

초산일 때는 수축이 10분에 2~3회 이상이고 수축이 올 때마다 통증이 점점 더 심해지면 병원으로 출발해도 됩니다. 많이 아파서 병원에 가서 내진했는데 자궁 경부가 3센티미터가 안 되면 무통 주사를 놓아 주지 않습니다. 자궁 경부가 3센티미터가 되기 전까지는 기다리는 것 말고 병원에서 해줄 수 있는 게 별로 없습니다. 마지막 내진 때 2센티미터 정도 열렸다고 들었다면 조금 서둘러도 좋지만, 열리지 않았거나 아주 조금만 열려 있었다면 천천히 준비해서 가도 괜찮습니다.

둘째 이상인 분은 조금 서두르셔야 무통 주사를 맞을 수 있습니다. 10분에 1~2회 정도 간격으로 수축이 오기 시작하면 병원에 가는 걸 추천합니다. 첫째 때 기억으로 진통을 조금 참다가 오셔서 옷도 갈아입지 못하고 분만하는 분들이 꽤 있습니다. 5~10분 간격의 수축으로도 자궁 경부가 2~3센티미터 정도 열릴 수 있습니다. 응급 상황에 첫째를 어디에 맡기면 좋을지도 미리 준비하세요.

② 양수가 맞을까?

만삭 때 양수가 새면 모르기가 어렵습니다. 투명한, 가끔 분홍색의 따뜻한 액체가 의지와 상관없이 허벅지를 타고 흐릅니다. 수축이 있을 때 더 많이 나오죠. 간혹 양수량이 줄어 있는 상태에서 양막이 파열되면 흐르는 양이 적어 구별이 어려울 수 있습니다. 양막에 구멍이 아주 작게 뚫리면 새는 양이 분비물과 비슷하기 때문에 구별이 어렵기도 합니다. 만약 구별이 잘 안 되고 헷갈린다면 병원에 방문해서 검사를 받는 게 좋습니다.

③ 제왕절개 예정이라면

제왕절개 날짜를 잡아놓았는데 그 전에 규칙적인 수축이 생겼다면 병원으로 가야 합니다. 수술할 예정인데 진통을 꼭 느껴야 할 필요는 없으니, 진통이 생기기 전에 수술하는 게 좋습니다. 양수가 새면 진통이 없더라도 병원으로 가야 합니다. 양막이 파열되면 진통이 곧 생길 수 있습니다.

대부분의 아기는 엄마 배 속에서 머리는 아래로 향하고 엉덩이는 위로 향한 상태로 있습니다. 이 반대의 경우를 역아라고 하는데, 역아는 양막이 파열되면 아기 엉덩이 사이를 통해 자궁 밖으로 탯줄이 빠져나오는 '제대 탈출'이 생길 수 있습니다. 만약 역아인데 양막 파열이 되었다면 최대한 빨리 병원으로 가야 합니다. 탯줄이 아기보다 먼저 빠져나오면 엉덩이에 탯줄이 압박되어 태아에게 혈액과 산소 공급이 막힐 수 있어 초응급 상황이기 때문입니다.

한 가지 주의할 점은 병원에 가기 전까지 물도 마시지 말고 금식을 유지해야 합니다. 안전한 수술을 위해서는 최소 6~8시간 금식을 하고 위를 비워 둬야 합니다. 밥을 먹고 갔다가 금식 시간을 맞추기 위해 진통을 겪어야 할 수도 있습니다.

④ 갑자기 태동이 줄었을 때

37주가 넘으면 전보다 태동이 확연하게 줄어듭니다. 아무리 줄어들어도 한 시간에 한두 번 정도는 느껴져야 합니다. 태동이 줄었다고 느꼈다면 편안한 자세로 한 시간 정도 태동에 집중해 보세요. 그래도 느껴지지 않는다면 병원에 가서 확인해 보는 게 좋습니다.

태동이 너무 세서 걱정인 분도 있습니다. 한두 번 정도 태동이 세게 왔다가 그 뒤에 평소와 다르지 않게 느껴진다면 걱정하지 않아도 됩니다. 아기가 컨디션이 좋지 않다면 태동이 강하다기보다는 없을 겁니다.

⑤ 이슬과 출혈을 구분하자

진통이 시작되기 전에 콧물처럼 끈적한 점액에 피가 섞여 진한 분홍색으로 나오는 것을 '이슬'이라고 부릅니다. 이슬 없이 갑자기 진통이 시작되기도 하지만, 이슬이 비치고 나면 몇 시간에서 며칠 이내에 진통이 시작됩니다. 이슬을 출혈로 생각해 걱정되어 응급실로 오는 일도 있지만, 이슬이 비쳤다고 갑자기 병원으로 올 필요는 없고 조만간 진통이 시작될 수 있으니 준비만 하시면 됩니다.

반대로 출혈을 이슬이라고 착각하고 집에만 계시면 안 됩니다. 임신 초기의 출혈은 유산과 연관되어 걱정되어 걱정을 부르지만 출혈량이 많지는 않습니다. 하지만 임신 후기에 출혈이 시작되면 대량 출혈이 가능하여서 원인을 파악하는 게 중요합니다. 만삭 때 질 출혈이 생기면 태반에서 나오는 출혈은 아닌지 의심합니다. 아기가 나오기 전에 태반이 먼저 분리되는 태반조기박리는 태아와 임신부 모두 위험할 수 있습니다. 태반이 자궁 경부 쪽으로 내려와 있는 전치태반에서의 출혈은 양이 상당할 수 있습니다. 태반에서 나는 출혈이 아니라 원인을 알 수 없는 출혈이 지속되면 분만을 고려하기도 합니다. 이러한 출혈은 선홍색으로 다량이 나와 이슬과는 구별됩니다.

아기 낳으러 병원에 가면
생기는 일들

핵심 미리보기!

분만을 앞둔 임신부에게는 예상하지 못한 일들이 생길 수 있습니다. 갑자기 진통이 심해지거나 양수가 샐 수 있고, 태동이 줄어 걱정되기도 하죠.

분만을 앞두고 병원에 가면 무슨 일들이 일어날까요? 무슨 검사를 하고 어떤 과정을 겪을지 궁금하시죠? 병원에서 주치의의 안내를 잘 따르면 되긴 하지만 실제 일어날 수 있는 상황을 몇 가지 소개해 드리겠습니다. 미리 알면 나쁠 건 없으니까요.

① 진통이 생겨서 분만장에 온 초산모 A씨

39주 2일이 되던 밤, 수축이 짧아 3~5분 간격이 되고 세기도 점점 강해져서 남편과 함께 분만장에 왔습니다. 분만장 간호사는 A씨의 표정만 봐도 진통이 시작되었다는 것을 알 수 있어서 당직 선생님을 서둘러 부릅니다. 남편은 분만장 밖에서 대기하고, 검진 치마로 갈아입은 뒤 초음파를 봅니다. 아기의 심박수와 머리가 아래로 내려와 있는지 확인합니다.

그리고 이제 내진할 차례입니다. 자궁 경부는 3센티미터 정도 열려 있고 양막은 아직 터지지 않았습니다. 그다음 수축 검사를 합니다. 실제 수축이 몇 분 간격으로 있는지, 수축이 있을 때 태아 심박수가 잘 유지되는지 20~30분 정도 관찰합니다. 수축 검사 그래프에 3분 간격의 수축이 잘 그려지고 아기도 잘 있어서 분만 준비를 위해 입원 처방이 내려집니다. 남아 있는 병실 중에 원하는 병실을 고르고 남편은 입원 수속을 하러 갑니다. 그 사이에 임신부용 환자복으로 완전히 갈아입고 각종 동의서를 작성합니다. 마취과 선생님이 오셔서 무통 주사를 위해 시술을 해주시고 진통이 무사히 진행되면 곧 아기 천사를 만날 수 있습니다.

② 양수가 새서 분만장에 온 경산모 B씨

3살 된 첫째 딸과 저녁을 먹고 책을 읽어 주던 중 갑자기 뭔가 터지는 듯한 느낌이 들더니 따뜻한 액체가 허벅지를 따라 흐릅니다. 첫째보다 1주 정도 빠르긴 하지만 38주는 넘어서 다행이라고 생각합니다. 다시 진통을 겪을 생각을 하니 두렵고 걱정되는 마음에 눈물도 흐릅니다. 앞으로 며칠 동안 머리 감기 힘들다는 것을 알기에 차분하게 머리부터 감습니다.

첫째는 시어머니께 부탁을 드린 뒤 남편과 병원으로 향합니다. 병원으로 가는 길에 진통이 시작되는 걸 느낍니다. 분만장에 도착해 초음파로 아기 상태를 확인하고 내진했더니 자궁 경부는 4센티미터 정도 열렸습니다. 양수가 새는 게 맞아서 수축 검사를 하기 전 입원 수속부터 합니다. 다행히 마취과 선생님이 병원에 계셔서 바로 무통 주사를 맞을 수 있었습니다. 무통 주사를 맞고 나니 통증이 잘 느껴지지 않았지만, 진행이 잘 되어 둘째 아기를 만납니다.

③ 제왕절개를 3일 앞두고 진통이 생긴 C씨

C씨는 이번 주 금요일 수술이라 월요일부터 출산 휴가를 내고 그동안 밀린 출산 준비를 하고 있었습니다. 수술이 얼마 남지 않아 긴장한 탓인지 배가 조금 뭉치기 시작하는 것 같습니다.

점심쯤이 되니 배 뭉침이 잦아져 시간을 측정해 봅니다. 10분에 1~2회 수축이 있고 생리통처럼 점점 아파집니다. 입이 바싹 마르지만 응급 상황에 금식을 유지하고 병원에 와야 한다는 주치의의 설명이 떠올라 물 마시는 것을 참고 택시를 부릅니다. 남편은 직장이 멀어 병원으로 바로 오기로 하고 출산 가방 중에 가벼운 것만 들고 병원으로 갑니다.

병원에 도착해 초음파로 아기를 확인하고 바로 수축 검사를 합니다. 아직 진통이 시작되지 않아 내진은 하지 않았습니다. 수축 검사에서 강하지는 않지만 5분 간격의 수축이 계속되어 오늘 수술하기로 합니다. 다행히 아침 먹고 금식을 유지한 덕분에 한 시간 뒤인 오후 4시로 수술이 결정되었습니다. 남편도 수술 전에 병원에 도착할 예정입니다.

④ 태동이 줄어들어 분만장에 온 임신성 당뇨 D씨

28주에 임신성 당뇨에 진단되었지만 식이 조절과 운동으로 혈당 조절은 잘 되고 있었습니다. 친언니가 진통 다섯 시간 만에 아기를 잘 낳았기 때문에 고민 없이 자연 분만을 시도해 보기로 마음먹었습니다. 37주였던 지난주에 2.5킬로그램으로 아기가 조금 작아 오늘 외래에서 몸무게를 재보고 다음 주에 유도 분만을 할지 결정하기로 한 상태였습니다.

오후 진료라 점심을 어떻게 할지 고민하고 있는데, 오늘 아침부터 태동이 별로 없다는 것을 깨닫습니다. 소파에 앉아 배를 어루만지면서 태동에 집중해 보지만 한 시간 동안 태동이 없습니다. 무서운 생각이 들어 병원으로 출발합니다.

주치의도 긴장한 눈치로 초음파를 보았지만, 다행히 아기는 잘 있었습니다. 오늘 측정한 아기 몸무게는 2.5킬로그램으로 1주일 동안 더 크지 않았고 양수도 조금 줄어든 것 같아 태동 검사를 합니다.

30분 정도 태동 검사를 했지만, 심박수의 변화가 거의 없고 여전히 느껴지지 않아 유도 분만하기 위해 입원합니다. 촉진제가 들어가기 시작하자 수축이 생겼고, 자궁 수축이 있을 때마다 아기의 심박수가 떨어지기 시작합니다. 결국 응급 제왕절개로 분만하였고, 다행히 아기는 큰 문제없이 엄마와 퇴원하였습니다.

'굴욕 3종 세트'가
필요한 이유

↓

핵심 미리보기!

산모와 아기를 보호하기 위해 내진, 제모, 관장은 필요합니다.

내진, 제모, 관장 이 세 가지를 굴욕 3종 세트, 회음절개까지 포함해서 굴욕 4종 세트라고 부르기도 합니다. 임신부와 아기를 보호하기 위해 하는 것들인데 기분이 좋지 않다는 이유로 '굴욕'이라는 단어가 붙은 것 같습니다. 전공의 시절 진통이 심한 임신부에게 내진을 하러 갔다가 남자라는 이유로 문전박대를 당하기도 했고, 발로 차인 적도 있었습니다. 굴욕 세트는 왜 해야 하고 정말 꼭 필요한지 알아보겠습니다.

① 내진

내과 의사에게 청진기가 있다면, 산부인과 의사에게는 내진이 있습니다. 내진은 자연 분만이 가능할지 평가의 도구가 되기도 하고, 분만 진행이 잘 되고 있는지, 언제쯤 분만이 될 것인지 알 수 있는 방법입니다.

손가락으로 검진하다 보니 아프기도 하고 불편한 것은 사실입니다. 초음파가 보급되기 전엔 자궁과 난소의 혹도 내진으로 확인했던 것처럼, 더 좋은 검사 방법이 나오면 분명 대체될 겁니다. 하루빨리 덜 불편하고 간편한 방법이 나오기를 바랍니다.

② 관장

본격적인 진통이 시작된다고 판단되면 관장을 합니다. 배도 아픈데 관장까지 하려니 힘들고 불편해서 미리 하면 안 되냐는 이야기도 있습니다. 하지만 진통이 시작되기 전에는 언제 시작할지 알 수가 없습니다. 미리 관장을 했다가 진통이 다음 날 시작하면 관장을 또 해야 하기 때문에 진통이 시작되기를 기다렸다가 관장을 합니다.

진행이 너무 빠르거나 아기 낳기 직전에 오셔서 오자마자 낳는 경우는 관장을 못 합니다. 아기가 마지막에 나올 때 힘주기를 하는 느낌이 대변을 볼 때 힘을 주는 것과 똑같습니다. 그러다 보니 관장을 하지 못하면 아기가 나올 때 대변도 같이 나올 때도 있습니다.

의사나 간호사가 대변이 보기 싫어서가 아니라, 아기에게 묻을 수가 있기 때문에 관장은 꼭 필요합니다. 소독된 천이나 거즈로 묻지 않게 가리려고 노력하지만 잘 안 되는 때도 있고 회음부에 오염이 되는 경우도 있습니다.

③ 제모

제모는 관장하면서 거의 동시에 진행합니다. 제모를 하는 이유도 위생 때문입니다. 아기가 나오기 전 회음부 소독을 하는데, 털이 있으면 아무리 소독약을 잘 바른다고 해도 털과 털 사이까지 완벽하게 소독이 안 됩니다. 회음절개를 하거나, 절개를 안 하더라도 찢어진 부위를 봉합할 때 털이 있으면 시야가 방해되고 털이 찢어진 부위 사이에 들어가면 감염의 위험이 있습니다.

④ 회음절개

회음절개는 논란이 되는 시술입니다. 전 세계적으로 무분별한 회음절개는 지양하자는 의견이 많으나, 우리나라는 지금까지 많이 하고 있습니다. 회음절개는 회음부 열상을 방지하기 위해 시작되었습니다. 아기가 나오면서 질 하방부터 항문 사이가 찢어지는 것을 회음부 열상이라고 합니다. 조금 찢어지는 것은 아무 문제가 없지만, 항문까지 찢어지면 합병증이 생길 수 있습니다. 항문 괄약근이 손상되면 변실금이 생길 수 있고, 항문 파열이 되면 외과적인 봉합이 필요합니다. 산부인과 의사로서 정말 피하고 싶은 일 중 하나죠.

항문 손상을 방지하기 위해 회음절개를 해 왔는데, 오히려 항문 손상이 더 생긴다는 연구 결과가 나오고 있습니다. 이전에 생각했던 회음 절개의 이점들이 무의미하다고 밝혀지고 있죠.

하지만 회음절개를 하지 않아서 원하지 않은 여러 방향으로 깨끗하지 못한 열상이 생기면 봉합이 어렵고 흉터도 많이 남습니다. 요도 쪽으로 열상이 생기면 항문 열상만큼이나 복잡하고 고통스럽습니다. 아시아인은 회음절개를 하지 않으면 회음부 열상이 더 심하다는 연구 결과가 있지만, 인종별 차이가 없다는 연구들도 있어 논란의 여지가 있습니다.

최근 회음부 열상 감소 주사가 나와서 회음절개를 줄이고 회음부 열상도 줄일 수 있는 대안이 생겼습니다. 분만 5~10분 전에 회음부에 주사를 놓으면 회음부 피부가 잘 늘어나 회음절개를 하지 않아도 열상이 덜 생기고 부종 억제와 봉합 후 통증 완화에 도움이 됩니다.

회음절개가 반드시 필요한 경우도 분명히 있습니다. 아기 몸무게가 크거나, 질과 항문 사이 거리가 짧아 항문까지 회음부 열상이 생길 것으로 예상되는 경우 등은 회음절개가 도움이 됩니다. 그리고 회음절개를 하지 않더라도 회음부 열상은 대부분 발생합니다. 회음절개가 무조건 나쁘다는 게 아니라, 필요한 경우를 잘 선별해서 적절한 회음절개를 진행한다면 위험한 열상을 막을 수 있습니다.

무통 주사를 맞으면
아기 머리가 나빠진다?

핵심 미리보기!

무통 주사는 분만 과정에서 고통을 줄여줄 수 있는 좋은 선택지 중의 하나입니다. 무조건 좋다, 나쁘다는 논쟁은 의미 없는 논쟁이며, 전문가의 조언이 더 중요하죠.

코로나가 유행하기 전에는 진통 중인 분만장 안으로 모든 가족들이 다 들어올 수 있었습니다. 응원하고 축하하는 마음은 이해가 됩니다만, 어떤 시부모님만큼은 못 들어오게 막고 싶었습니다. 무통 시술을 하려는 임신부에게 "아파도 참아라. 내 아들의 아기 머리 나빠진다", 진행이 잘 되지 않아 응급 제왕절개를 하려고 해도 "좀만 견뎌봐라. 의지가 왜 이렇게 없냐. 진통 겪고 나와야 아기한테 좋다"라는 말을 하는 모습은 의사로서 보기 힘든 장면이었습니다. 저런 근거 없는 이야기는 도대체 어디서부터 시작되었을까요? 실제로 맞는 말이더라도 자신의 딸이었다면 그런 말을 할 수 있었을까요?

그렇다면 지금부터 무통 주사의 오해와 진실을 알려 드리겠습니다.

무통 주사, 맞아도 괜찮을까?

사실 무통 주사는 광범위한 의미가 있습니다. 모든 종류의 수술 후에 수술 부위 통증을 조절하기 위해 '자가통증조절법(PCA)'을 연결해 진통제 투약 속도를 본인이 조절하는 방법을 무통 주사라고 통칭합니다. 수술 후 통증 조절을 위한 무통 주사는 주로 정맥으로 진통제를 투여합니다.

하지만 자연 분만의 통증을 조절하기 위한 무통 주사는 경막외 마취 방법을 사용합니다. 등 쪽에서 척추뼈 사이로 진입해 척수를 싸고 있는 경막외 공간에 관을 삽입하여 마취약을 주입합니다. 경막외 마취는 경막외 공간으로만 마취약이 들어가고 정맥으로 흡수되지 않아 태아에게 전달되지 않습니다. 안전하고 효과적인 마취 방법이라 제왕절개 할 때도 비슷한 마취인 척추 마취를 합니다.

무통 주사는 안전하긴 하지만 사람마다 효과가 다른 것이 한계입니다. '무통 천국'을 맛본 사람도 있고 천국 근처에도 가보지 못한 사람도 있습니다. 그리고 감각을 완전히 없애는 건 아니기 때문에 통증이 완전히 사라지지 않습니다. 완전히 마취가 되면 마지막 아기가 내려올 때 힘주기를 못해 분만이 더욱 지체될 수도 있죠.

저혈압이 가장 흔한 부작용입니다. 생명이 위독할 정도로 저혈압이 생기지는 않지만, 혈압이 떨어지면 태반으로 가는 혈액량도 줄어 태아의 심박수가 일시적으로 변화하기도 합니다. 다행히 혈압이 올라가면 금방 회복됩니다. 이런 현상을 '무통 주사를 맞으면 태아에게 나쁘다'라며 일반화하는 건 옳지 않습니다. 무통 주사로 인한 저혈압은 왼

쪽으로 눕고 수액을 충분히 공급하면 회복되며, 무통 주사가 태아에게 끼치는 영향은 없습니다.

무통 주사를 맞으면 제왕절개를 하게 될까 봐 걱정하는 분도 있습니다. 무통 주사를 맞으면 분만 시간이 1시간 정도 지연되기는 하지만, 제왕절개율은 올라가지 않습니다. 오히려 무통을 못 했거나 효과가 없으면 아파서 더 수술해달라고 하시는 것 같습니다.

척추 마취와 마찬가지로 무통 주사 시술 후 며칠 이내에 두통과 허리 통증이 생기기도 합니다. 이러한 통증은 경막 천자가 되어 척수액이 일부 흘러서 생기는데, 일주일 정도면 저절로 좋아지고 심하지 않다면 진통제로 충분히 조절됩니다. 진통제를 먹었는데도 통증이 심하다면 블러드패치(Blood patch) 시술을 하면 대부분 금방 좋아집니다.

무통 마취 후에 다리가 떨릴 때도 있지만, 마취 때문이기도 하고 진통 때문에 떨리는 증상이 생기기도 합니다. 따뜻한 이불을 덮어주고 안정을 취하면서 경과를 관찰해 볼 수 있습니다. 모든 임신부에게 하면 좋겠지만 혈액 검사에서 혈소판이 떨어져 있으면 경막외 마취를 하지 못합니다. 혈소판은 지혈하는 역할을 하는데 척추 쪽 시술할 때 혈소판 감소로 지혈이 되지 않으면 혈종이 크게 생겨 척수를 눌러 신경마비의 원인이 될 수 있기 때문입니다.

무통 주사를 피하는 이유 중 하나는 진통 중에 나오는 호르몬이 태아에게 전달되어야 건강하다는 속설 때문입니다. 아마 그 호르몬은

옥시토신을 말하는 것 같습니다. 하지만 분만 중 옥시토신이 태아에게 이롭거나 해롭다는 근거가 없습니다. '사랑할 때 옥시토신 나오니까, 분만할 때 나오는 옥시토신을 아기가 받아야 사랑을 받는 것이겠지?'라는 추측에 불과합니다. 또한 무통 주사를 맞고 태어난 아기는 머리가 나빠진다는 것도 전혀 근거가 없는 말입니다.

무통 주사는 분만 과정에서 고통을 줄여 줄 수 있는 좋은 선택지 중의 하나입니다. 무조건 좋다, 나쁘다는 논쟁은 의미 없고, 개개인의 경험담보다는 전문가의 조언이 더 중요하다고 생각합니다.

임신 후기 미리보기

유도 분만은
언제 해야 할까?

핵심 미리보기!

분만 예정일이 지났는데 진통이 생기지 않을 때, 임신성 당뇨나 자간전증 등
의 이유로 분만을 해야 할 때, 양막 파열이 되었는데 진통이 생기지 않을 때,
태아가 자궁 내 성장 지연이나 양수 과소증이 있을 때 유도 분만을 합니다.

'유도 분만 하면 분만 과정이 더 길다', '촉진제가 들어가면 진통이
더 강해서 더 아프다', '촉진제는 아이에게 안 좋다' 등 유도 분만 관련
된 속설도 참 많습니다. 하지만 유도 분만이야말로 산모와 태아 모두
의 안전을 위해 꼭 필요한 의학적인 개입입니다. 유도 분만의 부작용
도 있지만 꼭 해야 하는 경우도 분명히 있습니다. 어떨 때 유도 분만
을 하는지, 유도 분만의 방법에 대해 알아보겠습니다.

유도 분만을 해야 하는 경우

임신을 유지하는 것보다 분만하는 게 임신부와 태아에게 유리한 상
황인데, 아직 진통이 생기지 않았을 때 유도 분만을 합니다. 대표적으

로 분만 예정일이 지났는데 진통이 생기지 않을 때가 그렇죠. 임신성 당뇨나 자간전증 같은 임신 합병증으로 분만을 해야 할 때, 양막 파열이 되었는데 진통이 생기지 않는 경우, 태아가 자궁 내 성장 지연이나 양수 과소증이 있는 경우에 유도 분만을 합니다.

37주부터 42주 전까지를 만삭이라고 하고 이 사이에 태어나면 "만삭에 태어났다"라고 합니다. 과숙아는 42주가 넘어간 아이로 태아와 신생아 사망이 높아져서 과숙아가 되기 전에 분만을 계획합니다. 보통 41주 정도까지 진통이 오기를 기다려 보고 소식이 없으면 유도 분만을 합니다.

의학적인 사유는 없지만 유도 분만을 희망하는 분도 있습니다. 출산 휴가나 남편의 출장 일정과 같이 개인적인 일정에 맞추기 위해 원하는 경우도 있고, 별다른 이유 없이 빨리 낳고 싶어서 희망하는 분도 있습니다.

유도 분만의 의학적 사유가 없을 때는 적어도 39주 이후에 유도 분만을 하라고 되어 있습니다. 같은 만삭의 아이도 37~38주 사이에 태어난 아이보다 39~40주 사이에 태어난 아이의 신생아 합병증이 더 적다는 통계가 있습니다. 그렇다고 37주에 진통이 생기면 수축억제제를 써서 막을 필요는 없습니다. 의학적인 사유가 없는데 39주 이전에 굳이 유도 분만을 해가면서까지 분만할 필요는 없다는 의미입니다.

유도 분만의 방법

유도 분만 날짜가 정해지면 시작 전날 입원합니다. 전날 밤에 질정을 넣기 위해서인데, 질정은 자궁 경부를 부드럽게 만들어서 촉진제를 써서 수축이 생길 때 자궁 경부가 잘 열리도록 도와줍니다.

자궁 경부가 어느 정도 열려 있고 얇다면 질정을 넣지 않을 때도 있습니다. 프로페스라는 끈이 달린 질정을 넣는데 조금 두꺼운 부분에서 약물이 서서히 나와 자궁 경부를 부드럽게 만듭니다. 그런데 이 질정을 넣는 것만으로도 진통이 생기거나 양수가 터지기도 합니다. 그러다 수축이 과도하게 오면 이 끈을 잡아당겨 질정을 제거합니다. 질정을 넣고 밤사이에 진통이 생기지 않았다면, 유도 분만 날 아침 일찍 질정을 제거하고 촉진제를 투여합니다. 처음에는 적은 용량으로 시작해서 수축 빈도와 아기의 상태를 관찰하며 서서히 최고 용량까지 올립니다. 최고 용량까지 가지 않아도 효과적인 진통이 온다면 그 용량을 유지합니다.

질정도 넣고 촉진제를 써도 진통이 생기지 않기도 합니다. 아침부터 저녁까지 촉진제를 썼는데도 진통이 생기지 않는다면, 촉진제를 중단하고 휴식을 취한 뒤 다음 날 다시 시작합니다. 촉진제가 들어가는 동안 임신부는 금식을 해야 하는데 금식 시간이 너무 길어지면 막상 분만이 시작되었을 때 지쳐서 협조가 잘 안될 수 있고, 자궁의 근육도 쉬는 시간이 필요합니다. 임신부와 태아의 컨디션을 보고 2~3일 정도 유도 분만을 반복해서 시도해도 안 되면 수술을 고려합니다.

유도 분만에 대한 오해와 진실

촉진제를 쓰면 진통이 더 길게 느껴지지만 실제 진통 시간 자체가 길어지는 건 아닙니다. 자궁 경부가 3센티미터 이상 열려야 본격적인 진통이 시작되었다고 보는데, 3센티미터가 열리기 전까지 촉진제를 쓰면 진통만큼이나 통증이 생깁니다.

게다가 3센티미터가 안 되어서 무통 주사도 맞지 못하니 아픈 시간 자체가 긴 것은 맞지만, 실제 진통 시간 자체가 길어지는 건 아닙니다. 매를 맞을 때를 알고 맞는 게 모르고 맞는 것보다 더 아픈 것처럼, 촉진제가 들어가는 것을 눈으로 보고 있자니 심리적으로 더 아프게 느껴지는 게 아닐까요?

촉진제의 용량을 높이면서 투여하다 보면 자궁 수축이 너무 자주 올 때가 있습니다. 과도한 자궁 수축으로 태아가 간혹 힘들어하는 경우가 있으나, 촉진제 용량을 조절하면 다시 회복합니다. 촉진제 자체가 태아에게 나쁘다기보다는 용량 조절 과정에서 나타난 태아의 반응 정도로 생각하면 됩니다.

유도 분만을 하면 제왕절개를 할 가능성이 높아지니 하기 싫다고 말씀하시는 분도 있습니다. 이것은 사실입니다. 자연 진통보다 유도 분만이 제왕절개를 2~3배 많이 합니다. 그런데 이것은 모집단의 특성이 달라서 생긴 결과입니다.

유도 분만은 태아나 산모에게 이상이 있어서 하는 경우가 많습니다. 더 이상 임신을 유지하지 않는 것이 유리하기 때문에 분만을 계획한 것인데, 촉진제를 계속 써도 진통이 걸리지 않으면 오래 끌지 않고 제왕절개를 하죠. 또한 태아가 진통 과정을 견디지 못해 유도 분만을

임신 후기 미리보기

더 이상 진행하지 못할 때도 있습니다. 유도 분만을 하는 분들의 특성 차이 때문에 제왕절개율 차이가 나는 것이지 유도 분만을 해서 제왕절개 가능성이 높아진 건 아닙니다.

결국에 제왕절개로 낳기도 하지만, 유도 분만에 성공하는 분들이 더 많습니다. 유도 분만에 대해 막연한 선입견으로 바라보지 마시고, 꼭 필요한 경우에는 유도 분만을 통해 안전하게 출산하세요.

분만 후
산후 검진이 중요하다

핵심 미리보기!

아이를 낳았다고 산부인과 검진이 모두 끝난 게 아닙니다. 산후 검진을 꼭
받아야 합니다.

아기를 낳았다고 임신 과정이 모두 끝났다고 할 수 없습니다. 분
만 후 6주까지를 산욕기라고 부르며, '4번째 임신 삼분기'로 분류하여
검진의 중요성을 강조합니다. 검진의 목적은 산욕기에 합병증이 생기
지 않는지와 임신 전으로 회복을 잘하고 있는지를 확인하는 데 있습
니다.

가끔 산후 우울증으로 자신의 아기를 살해한 사건이 뉴스에 보도되
기도 합니다. 산후 감정 변화에 관한 확인도 산후 검진의 중요한 목적
입니다.

분만장 회진을 돌다 보면 다양한 부류의 남편들이 보입니다. 그런
남편들을 구경하는 재미도 있지만 간혹 아슬아슬하게 줄타기하거나

선 넘는 모습이 보여 보는 제가 걱정스러운 분도 있습니다. 가족분만실 안에서 싸우는 최악의 상황도 봤습니다.

산후 검진 꼭 받아야 하나요?

분만 후 퇴원할 때 1~2개월 뒤로 산후 검진을 예약해 드립니다. 아기 예방 접종을 하러 온 김에 검진도 받으라고 안내해 드리지만, 오지 않는 분도 꽤 있습니다. 산후 검진에는 일반적인 건강 상담뿐만 아니라 중요한 검사도 포함되어 있어 꼭 받으시는 게 좋습니다. 임신성 당뇨나 임신성 고혈압이 있던 분은 반드시 검진을 받아야 합니다.

지금부터 산후 검진에는 어떤 검사가 포함되어 있는지 설명 드리겠습니다.

① 산모의 혈압과 체중

산후 검진에서는 산모의 혈압, 체중을 측정합니다. 임신성 고혈압이 있었던 분은 혈압이 정상화되었는지 확인하고 혈압이 계속 높다면 내과 진료를 권고하죠. 임신 전 체중으로 회복하고 있는지도 확인하고, 정상 체중으로 돌아가도록 격려해 드립니다.

그 다음 출혈은 없는지 확인합니다. 오로(질 분비물)의 양상을 관찰하고 초음파로 자궁에 남아 있는 태반은 없는지 자궁과 난소에 혹은 없는지 확인합니다. 간혹 태반 조각이 남아 있어 분만 후 시간이 지나서 출혈을 일으키기도 합니다.

② 자궁 경부암 검사

자궁 경부암 검사는 1~2년에 한 번 합니다. 임신 기간 동안 하지 못했을 테니 산후 검진 때 진행합니다.

③ 혈액 검사

기본적인 혈액 검사를 통해 빈혈이나 다른 혈액 수치에 이상은 없는지 확인합니다. 분만 직후 혈액 검사에서 빈혈이 없었더라도 1~2개월 후에 빈혈이 나타나기도 합니다. 빈혈이 없더라도 분만 후 3개월 정도 철분제를 꾸준히 드시는 게 좋으며, 빈혈이 있다면 추가로 복용하세요.

④ 당뇨 검사

임신성 당뇨가 있던 분은 분만 6~8주 후에 당뇨 검사를 받아야 합니다. 공복으로 방문하여 공복 혈당과 시약을 먹은 뒤 채혈을 합니다. 임신성 당뇨 진단을 받았던 분 중 절반은 당뇨로 진단됩니다. 산후 검진에서 정상으로 나오더라도 최소한 3년 간격으로 당뇨 검사를 받으셔야 하고, 당뇨에 진단된다면 치료를 잘 받으셔야 합니다.

⑤ 상담

피임 방법에 대해 상담합니다. 모유 수유를 하지 않는다면 빠르면 분만 후 3주 뒤에 배란될 수 있고 모유 수유를 해도 3~6개월 이내에 배란이 될 수 있습니다. 분만 후 둘째 계획이 있더라도 터울이 18개월보다 짧으면 조산의 위험이 커집니다. 따라서 이 시기에 본인에게 맞는 방법으로 피임을 할 수 있도록 교육합니다.

산후 검진을 하다 보면 검사와 검진뿐만 아니고 모유 수유에 대한 교육, 육아에 대한 조언들도 하고, 건강한 출산을 축하하며 10개월 동안 진료를 잘 따라와 줘서 고마운 마음을 전하는 시간을 보냅니다. 환자에게는 단순히 검사만 하는 시간일 수도 있지만, 산부인과 의사로서 보람을 느끼는 값진 시간입니다.

임신 출산은 엄마만의 일이 아니다

임신과 출산은 가족들, 특히 남편과 함께 해야 하는 과정입니다. 밖에 나갔다 올 때마다 담배 냄새를 풍기는 남편 분이 생각보다 많습니다. 부모의 흡연은 신생아 건강에 치명적입니다. 영아 돌연사 증후군의 중요한 원인이 부모의 흡연입니다. 아내가 임신했을 때 금연에 실패했다면, 이제는 성공하셔야 합니다.

정말 놀랍게도 아내가 분만장에서 진통을 겪고 있는데, 노트북을 가져와서 헤드폰을 끼고 게임을 하거나 핸드폰 3개 정도를 동시에 켜놓고 게임을 하는 분을 본 적 있습니다. 아내에게는 관심이 없고 게임에만 몰두해 있어서 보다 못한 제가 게임은 나가서 해달라고 부탁한 적도 있죠. 제가 계속 강조했듯이 임신과 출산은 임신부 혼자 하는 일이 아닙니다.

물론 분만 과정이 길고 지루하게 느껴질 수도 있습니다. 하지만 지금 가장 힘든 사람은 아내입니다. 몸과 마음이 지쳐 있을 아내에게 응원은 못 해줄망정 "왜 그것밖에 못 해?"라든가, "잘 좀 해봐! 옆에는 벌써 낳았어!"처럼 닦달하고 질책하게 되면 이 상황을 견딜 힘조차 없어질 수 있습니다.

마지막으로 배가 아무리 고프더라도 아기가 나오고 나서 아내와 함께 맛있게 식사하세요. 진통 중인 임신부도 금식 중입니다. 그리고 진통이 아무리 길어도 하루를 넘기지 않습니다. 식사하러 간 사이에 응급한 상황이 생길 수도 있습니다.

아이를 낳고 모든 것이 끝나는 건 아닙니다. 산후 우울감은 출산한 여성의 절반에서, 많게는 75퍼센트까지 발생합니다. 출산 후 며칠 이내에 아무 이유 없이 눈물이 나고 불쾌한 감정이 느껴지죠. 분만 과정에서 느끼는 공포와 기쁨, 시도 때도 없이 우는 아이를 보느라 수면 부족에 시달리고, 엄마가 되었다는 책임감에서 나오는 부담과 불안, 여러 가지 감정 변화와 급격한 호르몬 변화가 복합적인 원인으로 지목됩니다.

주위에서 육아를 분담하여 부담을 줄여주고 감정 변화를 이해하면서 위로해주면 금방 회복될 수 있으며, 전문적인 치료를 받지 않아도 2주 이내로 대부분 좋아집니다. 만약 시간이 지나도 좋아지지 않고 우울감이 심해진다면 '산후 우울증'으로 감별해야 하며 산후 우울증은 적극적인 치료가 필요합니다.

'남들도 다 아기 낳는데, 왜 너만 힘들어하냐?', '애기 낳으면 원래 다 힘들어'라며 지금의 감정을 무시하는 행동은 절대로 하지 말아야 합니다. 필요한 경우는 병원에 내원하여 치료받을 수 있도록 도와주고, 출산 후 몸과 마음의 변화에 힘들어하는 산모에게 관심과 지지를 보내주는 자세가 필요합니다.

산부인과 의사가 알려 주는 초보 임신부 시간표

임신 출산 미리보기

© 이재일 2024

인쇄일 2024년 5월 23일
발행일 2024년 5월 30일

지은이 이재일
펴낸이 유경민 노종한
책임편집 구혜진
기획편집 유노라이프 권순범 구혜진 **유노북스** 이현정 조혜진 권혜지 정현석 **유노책주** 김세민 이지윤
기획마케팅 1팀 우현권 이상운 **2팀** 이선영 김승혜
디자인 남다희 홍진기 허정수
기획관리 차은영
펴낸곳 유노콘텐츠그룹 주식회사
법인등록번호 110111-8138128
주소 서울시 마포구 월드컵로20길 5, 4층
전화 02-323-7763 **팩스** 02-323-7764 **이메일** info@uknowbooks.com

ISBN 979-11-91104-91-2 (13590)